核电厂应急准备与响应

主　编　邹益民

副主编　朱月龙　金　莉　苟全录　陈茂松

原子能出版社

图书在版编目(CIP)数据

核电厂应急准备与响应/邹益民主编．—北京:原子能出版社,2010.3

ISBN 978-7-5022-4824-6

Ⅰ.核… Ⅱ.邹… Ⅲ.核电厂－紧急事件－安全管理－教材 Ⅳ.TM623.8

中国版本图书馆CIP数据核字(2010)第033645号

内容简介

本教材根据中国核工业集团公司的要求编制,可作为核电厂全体员工和承包商基本安全授权的培训教材。本教材全面阐述了核电厂应急准备与响应的技术基础,并结合中核集团及下属核电厂在核应急建设和响应过程中的相关实践及积累的经验,对核电厂的应急计划(应急预案)、营运单位的应急组织、应急响应行动、人员防护、应急设施的建立、应急响应能力的保持和核电厂应急相关的经验反馈等方面作了系统的讲解。

本教材主要用于运行核电厂所有工作人员的培训(包括应急人员和非应急人员),同时也可作为其他核设施或地方有关部门制定应急预案的培训教材和参考资料,也可供大专院校有关专业的师生参考。

核电厂应急准备与响应

总编辑 杨树录
责任编辑 孙凤春
责任校对 徐淑惠
责任印制 丁怀兰 潘玉玲
印　刷 保定市中画美凯印刷有限公司
出版发行 原子能出版社(北京市海淀区阜成路43号 100048)
经　销 全国新华书店
开　本 787 mm×1092 mm 1/16
印　张 6.5 **字　数** 162千字
版　次 2010年3月第1版 2010年3月第1次印刷
书　号 ISBN 978-7-5022-4824-6 **定　价** 35.00元

网址:http://www.aep.com.cn　E-mail:atomep123@126.com
发行电话:68452845

中国核工业集团公司
核电培训教材编审委员会

《核电厂应急准备与响应》
编　辑　部

主　　编　邹益民

副主编　朱月龙　金　莉　苟全录　陈茂松

编　　者　（按姓氏拼音顺序排列）

陈茂松　程建秀　方朝霞　苟全录　金　莉

李　冰　李贤良　沈根华　施　江　王贵良

王孔钊　韦卫军　恽为荣　湛　丽　张鹏飞

仲崇军　朱月龙　邹益民

总 序

核工业作为国家高科技战略性产业，是国家安全的重要基石、重要的清洁能源供应，以及综合国力和大国地位的重要标志。

1978年以来，我国核工业第二次创业。中国核工业集团公司走出了一条以我为主发展民族核电的成功道路。在长期的核电设计、建造、运行和管理过程中，积累了丰富的实践和理论经验，在与国际同行合作过程中，实现了技术和管理与国际先进水平相接轨，取得了骄人的业绩。

中国核工业集团公司在三十多年的核电建设中，经历了起步、小批量建设、快速发展三个阶段。我国先后建成了秦山、大亚湾、田湾三大核电基地，实现了我国大陆核电"零"的突破、国产化的重大跨越、核电管理与国际接轨，走出了一条以我为主，发展民族核电的成功之路。在最近几年中，发展尤为迅猛。截至2008年底，核电运行机组11台，装机容量907.82万千瓦，全部稳定运行，态势良好。

进入新世纪，党中央、国务院和中央军委对核工业发展高度重视、极为关怀，对核工业做出了新的战略决策。胡锦涛总书记指出："无论从促进经济社会发展看，还是从保障国家安全看，我们都必须切实把我国核事业发展好"。发展核电是优化能源结构、保障能源安全、满足经济社会发展需求的重要途径。2007年10月，国务院正式颁布了《核电中长期发展规划(2005—2020年)》。核电进入了快速、规模化、跨越式发展的新阶段。

在中国核电大发展之际，中国核工业集团公司继续以"核安全是核工业的生命线"的核安全文化理念和"透明、坦诚和开放"的企业管理心态，以推动核电又好又快又安全发展为己任，为加速培养核电发展所需的各类人才，组织核电领域专家，全面系统地对核电设计、工程建造、核电厂调试、生产准备和生产运营等各阶段的知识进行了梳理，构造了有逻辑性、系统性的核电知识体系，形成了覆盖核电各阶段的核电工程培训系列教材。

这套教材作为培养核电人才的重要工具，是国内目前第一套专业化、体系化、公开出版的核电人才培养系列教材，有助于开展培训工作，提高培训质量、节约培训成本，夯实核电发展基础。它集中了全集团的优势，突出高起点、实用性强，是集团化、专业化运作的又一次实践。是中国核工业50余年知识管理的积淀，是中国核工业10万人多年总结和实践经验的结晶。

21世纪是“以人为本”的知识经济时代，拥有足够的优秀人才是企业持续发展的重要基础。中国核工业集团公司愿以这套教材为核电发展开路，为业界理论探讨、实践交流提供参考。

我们要继续以科学发展观为指导，认真贯彻落实党中央、国务院的指示精神，积极推进核电产业发展。特别是要把总结核电建设经验作为一项长期的工作来抓，不断更新和完善人才教育培训体系。

核电培训系列教材可广泛用于核电厂人员培训，也可用于核电管理者的学习工具书，对于有针对性地解决核电厂生产实践和管理问题具有重要的参考价值。

中国核工业集团公司总经理 孙勤

2009年9月9日

前　言

为确保核电厂安全、可靠和经济地运行，中国核工业集团公司下属各运行核电厂已制定和执行员工培训(包含继续培训)大纲，使员工接受适当的培训、获得(或继续)授权和获得(或保持)上岗工作资格，这不仅是为了满足核安全法规、国家标准和行业标准的基本要求，也是营运单位自身生存和发展的需要。

授权是核电厂经理或厂长对其下属具有合格的资格胜任某一工作的员工签发一种书面证书，允许履行其岗位职责的过程。基本安全授权培训是指对在核电厂工作的每一名员工，包括厂内和厂外的，在其进入厂区之前，对其所进行的安全、组织过程和质量等方面的知识和意识方面的培训，并进行考核以确保其已经具有基本安全和质量知识和意识，基本安全授权是员工入厂工作所应具备的最基本授权。

中国核工业集团公司组织编写基本安全授权培训系列教材的目的是为了总结下属各运行核电厂基本安全授权培训经验和加强相互之间的沟通交流；提高基本安全授权培训效果，为各核电厂开展基本安全授权培训提供参考。

基本安全授权培训系列由以下教材组成：

——核电厂安全文化

——核电厂质量保证

——核电厂应急准备与响应

——核电厂急救

——核电厂辐射防护

——核电厂工业安全

——核电厂消防

——核电厂保卫

——核电厂工作过程管理

——核电厂场地管理

——核电厂环境保护

教材的内容以近年来各运行核电厂的基本安全授权培训教材为基础，补充一些国内外核电厂的良好实践经验及新发布的核安全法规和导则的相关要求。

本教材为《核电厂应急准备与响应》。

核电作为一种清洁、安全和经济的能源，已成为当今最现实的、能大规模发展的替代能源。核电厂与当今其他现代工业一样，在造福人类的同时，对人类和环境也带来一定的风险；自从美国三哩岛事故和前苏联切尔诺贝利事故以后，核电厂事故应急准备与响应工作越来越受到各国政府和核电厂营运单位的重视。应急准备与响应是核电厂核安全纵深防御的重要组成部分，一旦发生事故时能快速有效地控制事故并减轻其后果；当事故导致或可能导致向场区外大量释放放射性物质时，保证核电厂营运单位的应急响应及时地与场外应急组织有效配合，特别是核电厂的所有工作人员能在事故情况下按各自的职责要求，及时、有效地做出应急响应行动，达到保护场区工作人员、公众和环境的目的。

本教材简要介绍了核事故应急的基本知识，全面阐述了核电厂应急准备与响应的技术基础和国家核应急的法律、法规要求，结合中国核工业集团公司下属核电厂运行和建设阶段的实践，对核电厂应急计划、应急组织、应急响应行动、人员防护、应急设施的建立、应急响应能力的保持和应急相关的经验反馈等方面作了系统的讲解。教材内容的重点是投入运行的核电厂适当兼顾在建核电厂的相关需求。

本教材的培训对象是核电厂所有工作人员，包括应急人员（也称二级人员）和非应急人员（也称一级人员），针对不同人员的培训要求在教材中列出不同的培训目标和内容；各核电厂在使用本教材时，宜结合本厂实际作适当调整和补充。

本教材由核电秦山联营有限公司邹益民主持编辑，核动力运行研究所陈茂松在秦山核电有限公司的《应急响应》（2008 年）、核电秦山联营有限公司的《秦山第二核电厂应急响应培训》（2004 年）、秦山第三核电有限公司的《应急准备与响应初训教材》（2006 年）和《应急准备与响应复训教材》（2006 年）、江苏核电有限公司的《应急响应初训》（第二版）和《应急响应复训》（第五版），以及《中国核工业集团公司核应急计划》、《秦山核电基地应急计划》、《田湾核电站场内应急计划》、《核动力厂营运单位应急准备》的修订说明等资料的基础上进行组稿编写。秦山核电有限公司朱月龙、沈根华、李贤良、施江、王贵良；核电秦山联营有限公司邹益民、韦卫军、湛丽；秦山第三核电有限公司王孔钊、恽为荣、金莉；江苏核电有限公司苟全录、李冰、张鹏飞、仲崇军；核动力运行研究所程建秀、方朝霞等专家对初稿进行了认真的审阅和修改，原子能出版社的有关同志对本教材也作了仔细的审读。中国核工业集团公司核应急办公室、国家核安全局、国家环境保护部核与辐射安全中心、秦山核电有限公司、核电秦山联营有限公司、秦山第三核电有限公司、江苏核电有限公司、秦山地区环保应急中心、核动力运行研究所等单位给予了大力支持，在此向他们致以衷心感谢！

《核电厂应急准备与响应》教材适用于中国核工业集团公司所属各运行核电厂员工的基本安全授权培训，也可作为在建核电厂员工培训的参考教材。

在教材的编制过程中，虽经反复推敲核证，仍难免有不妥甚至错谬之处，诚望广大读者提出宝贵意见，以便再版时加以修正。

编者

2009年10月

目　　录

第一章　概　论

第二章　国家核应急管理

第三章　核电厂不同阶段应急准备与响应的要求

第四章 应急状态分级和可能引发应急状态的典型事件

第五章 核电厂应急计划

第六章　核电厂应急计划区

第七章　核电厂营运单位的应急组织及应急响应行动

第八章　核应急的干预原则与干预水平

第九章　应急响应能力的保持

第十章 核电厂场内应急设施和主要功能

第十一章 核电厂应急相关事件/事故实例

第一章　概　论

1.1　核电厂应急准备与响应的目的

核电和当今现代工业、交通等行业一样，在造福人类的同时，也会给人类和环境带来一定的风险。核电厂在选址、设计、建造、运行和退役各阶段中的活动均要求严格执行国家的核安全有关的法律和法规，在采取种种预防措施后，核电厂因设备故障、人因差错或外部事件导致事故的可能性将降至很低，但是不能完全排除；一旦核电厂发生事故，将可能伴随有电离辐射和放射性物质的释放，会对人类和环境造成伤害。

核电厂应急准备与响应的目的是为保证核电厂在事故情况下，及时有效地采取响应措施，缓解和控制事故状态发展，防止或最大限度地减少事故的后果和危害；达到保护工作人员、公众和环境的目的，促进我国核电事业安全健康发展。

1.2　纵深防御概念及应用

纵深防御是实现核安全的一项基本原则，核电厂应急准备与响应是核安全纵深防御的重要组成部分。纵深防御的概念贯彻于安全有关的全部活动，包括与组织、人员行为或设计有关的方面，保证核设施和核活动置于多层次的重叠保护之下，从而使个别失效可以得到补偿或纠正，而不致危害工作人员、公众和环境，这也是核电厂在确保安全方面区别于其他常规工业活动的重要特点。

多层次的防御主要体现在以下方面：

第一层次防御：防止偏离正常运行及防止系统失效。按照恰当的质量水平和工程实践，正确并保守地设计核电厂，留有恰当的安全裕量；对所采用的标准和规范事先加以鉴别和评价。

第二层次防御：检测和纠正偏离正常的运行状态，以防止预计运行事件升级为事故工况；提供专用系统，并制定运行规程，以防止或尽量减少假设始发事件所造成的损坏，防止设备故障和人因失误演变成设计基准事故。

第三层次防御：具备固有安全特性、故障安全设计、针对设计基准事故的专设安全设施和应急操作规程以控制事件的后果，并使核电厂在这些事件之后达到稳定、可接受的状态。这一层次的防御是当某些预计运行事件或假设始发事件的升级仍有可能未被前一防御层次所制止时，防御更严重的事件可能发生及发展。

第四层次防御：针对设计基准可能已被超过的严重事故，并保证放射性后果保持在合理可行尽量低的水平。这一层次最重要的目标是保护包容功能，通过附加的措施和规程防止事故的发展，缓解严重事故的后果。

第五层次防御：减轻可能由事故工况引起潜在的放射性物质向环境释放的辐射后果，建立合适的应急控制中心，并制定核电厂营运单位的场内应急计划、省级应急机构的场外应急计划和国家核应急预案(也称应急计划)。应急计划是直接对人实施干预,也是核电厂纵深防御的最后一道安全措施。

纵深防御概念的另一种应用是:为核电厂设置多道实体屏障,防止放射性外逸,这些屏障包括燃料基体、燃料包壳、反应堆冷却剂系统压力边界和安全壳。

总之,核电厂虽然存在潜在风险,但核电厂从选址、设计、建造、运行、退役等整个寿期内设置了一系列的安全措施来保证核电厂的安全运行,并严格遵守核安全法规的管理规定,核电厂的运行安全是可以得到保障的。

1.3 核电厂应急准备与响应的基本要求

国务院《核电厂核事故应急管理条例》总则中规定:我国核事故应急管理工作实行“常备不懈,积极兼容,统一指挥,大力协同,保护公众,保护环境”的方针。作为核电厂营运单位有责任遵照应急管理工作方针,做好场内的应急准备工作,也是核电厂能够及时、有效地协调应急响应的前提。核电厂应急准备与响应的基本要求如下:

(1) 依据国务院《核电厂核事故应急管理条例》、《国家核应急预案》等核安全法律、法规的要求,制定核电厂营运单位的场内应急计划,并报国家核安全局审批。

(2) 为保证在应急时,有足够满足资质要求的人员执行应急响应任务,核电厂需结合正常运行组织机构按照“积极兼容”的原则建立核电厂应急组织。同时还应根据核电厂实际情况和经验反馈及时优化调整。

(3) 为保证核电厂日常的应急准备工作和在应急时的响应行动有据可依、有章可循,应编制相应的应急准备与响应的实施细则和执行程序,并定期和不定期地进行评价和修订。

(4) 配备为完成应急准备与响应任务所必需的应急设施、设备和器材,并进行定期维护、试验和检查,以保证所有的应急设施、设备和器材随时可用。

(5) 为保持和提高核电厂人员的应急响应能力,须按要求进行定期的应急演习。

(6) 建立核电厂人员的应急培训和考核制度。

核电厂的应急管理工作做到常备不懈,才能确保在应急时应急组织启动及时,非应急人员响应正确,应急人员响应及时、有效、协调一致。

复习思考题

1. 核电厂应急准备与响应的目的是什么?
2. 如何理解核电厂纵深防御的概念?
3. 核电厂应急准备与响应工作的基本要求是什么?

第二章　国家核应急管理

2.1　国家核应急管理体系与核应急管理工作方针

2.1.1　国家核应急管理体系

1993年8月4日国务院发布了第124号令，即《核电厂核事故应急管理条例》(HAF002)(以下简称“《条例》”)。《条例》规定我国的核应急工作实行三级应急组织体系，即国家核应急组织、核电厂所在省(自治区、直辖市)核应急组织和核电厂营运单位的核应急组织，国家核应急组织体系图如图2-1-1所示。

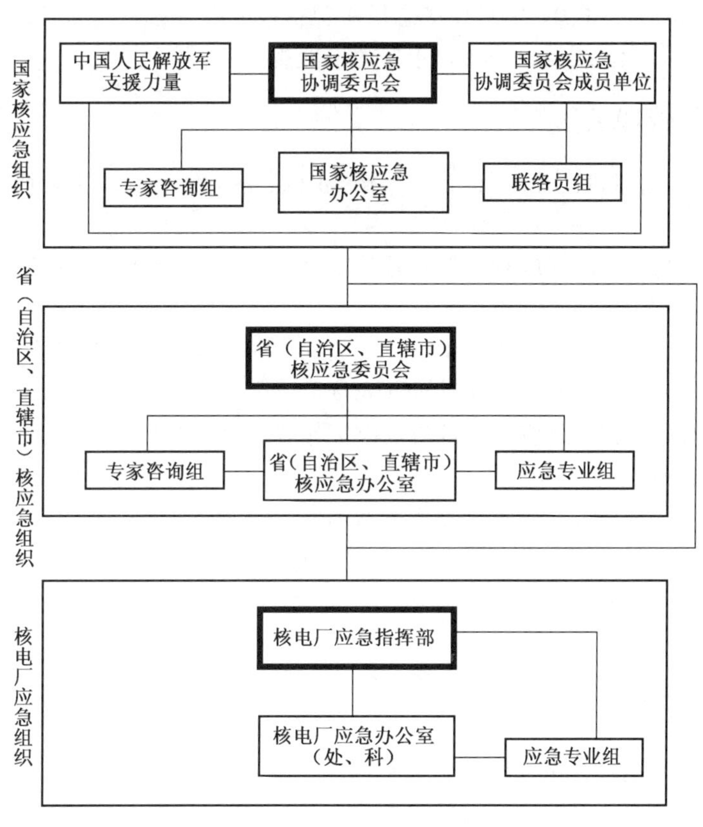

图2-1-1　国家核应急组织体系图

(1) 国家核应急组织

国家核应急组织由以下4部分组成：

1) 国家核事故应急协调委员会(以下简称“国家核应急协调委”)：成员单位由国务院和

军队的18个部门组成。工业信息化部(中国国家原子能机构)为牵头单位,必要时,由国务院领导、组织和协调全国的核应急管理工作。

2) 国家核事故应急办公室(以下简称“国家核应急办”):是全国核应急工作的行政管理机构。

3) 国家核应急协调委联络员组:由各成员单位指派的人员组成,以确保国家核应急协调委的有效活动。

4) 国家核应急协调委专家咨询组:由国内核工程、电力工程、核安全、辐射防护、环境保护、放射医学、气象学等方面的专家组成。

(2) 省(自治区、直辖市)核应急组织

核电厂所在省(自治区、直辖市)核应急组织包括省核应急委员会和省核应急办公室,以及专家咨询组和若干应急专业组。省核应急委员会由省人民政府领导和政府有关部门及军队等单位的领导组成。省核应急办公室是设在省人民政府指定的一个部门。必要时,由省人民政府领导、组织和协调本行政区域内的核应急工作。

(3) 核电厂营运单位(或核电基地)核应急组织

核电厂营运单位(或核电基地)核应急组织包括核电厂营运单位(或核电基地)应急指挥部和下设的应急办公室(或处、科)及若干应急专业组。

2.1.2 核应急管理工作方针

我国核事故应急管理工作实行“常备不懈,积极兼容,统一指挥,大力协同,保护公众,保护环境”的方针。

(1) 常备不懈:预先做好应对核事故万一发生的应急准备,能够在一旦发生核事故时做出迅速有效的应急响应;

(2) 积极兼容:将核事故应急工作与各有关组织的日常业务工作相结合,充分利用相关的机构、人员、设施和设备,使应急工作便于落实;

(3) 统一指挥:将核事故应急准备与响应工作置于政府的统一组织和指挥之下,严格按应急预案和执行程序进行;

(4) 大力协同:参与核事故应急工作的各有关组织和人员,在进行应急准备与响应时,均应积极主动、密切配合、互相支持、协同一致地执行任务;

(5) 保护公众,保护环境:这是应急响应的根本目的。

2.2 国家核应急预案简介

根据国务院《核电厂核事故应急管理条例》的规定,为使我国政府在核设施一旦发生严重核事故时,能迅速采取必要和有效的应急响应行动,保护工作人员、保护公众和保护环境,我国制定了《国家核应急预案》(应急预案也称“应急计划”),它已作为国家25个专项应急预案之一,由国务院批准发布。

《国家核应急预案》是我国进行核应急准备与响应的工作文件,它要求有关地区、部门和单位遵照执行,主要适用于国家针对核电厂可能发生严重核事故的应急准备和应急响应;我国其他核设施、核活动发生的核或辐射事故和其他国家发生的对我国造成或可能造成辐射影响的核或辐射事故,也参照该预案实施。

《国家核应急预案》由7部分内容组成:总则、技术基础、应急组织、应急准备、应急响应、应急终止和恢复正常秩序、附则。

2.2.1　应急准备

2.2.1.1　国家核应急组织的应急准备

国家核应急组织的应急准备主要开展以下工作:

(1) 建立国家核应急响应中心

建立国家核应急响应中心以满足进行应急决策、指挥和作为国家核应急信息管理中心及对外核应急联络点的需要。

(2) 建设通信保障体系

建设国家核应急通信系统,并建立相应的通信能力保障制度,以保证应急响应期间通信联络的需要。

应急响应时事故现场的通信由核电厂所在省的核应急组织和核电厂营运单位负责保障。

应急响应通信能力不足时,根据有关方面提出的要求,采取临时紧急措施加以解决。必要时,可动用国家救灾通信保障系统。

(3) 建立和保持必要的核应急技术支持体系

根据积极兼容原则,充分利用现有条件,建立和保持必要的应急技术支持中心或后援单位,如应急决策支持、辐射监测、医疗救治、气象服务、核电厂运行评估等技术支持中心或后援单位,以形成国家核应急技术支持体系,保障国家的核应急响应能力。

(4) 准备应急支援力量与物资器材

国家核应急协调委有关成员单位根据分工,准备好各种必要的应急支援力量与物资器材,以保证应急响应时省核应急组织或核电厂营运单位提出紧急支援请求时,能及时调用,提供支援,这些支援主要涉及:辐射监测、医学应急、应急交通、气象、工程抢险支援和应急物资器材准备等方面。

(5) 应急培训与演习

对所有参与核应急准备与响应的人员进行培训和定期再培训。

定期举行不同类型的应急演习,以检验、改善和强化应急准备和应急响应能力。

(6) 公众信息交流

公众信息交流的对象包括一般公众和新闻界。在日常工作中可进行核能与核安全、辐射防护与核应急的基本概念与知识的交流和宣传。

2.2.1.2　核电厂所在省的核应急组织及核电厂营运单位的应急准备

核电厂所在省的核应急组织及核电厂营运单位的应急准备按国家有关法规、标准的规定,以及批准的应急预案进行,并为所需的应急响应能力提供保证,同时要保证两者应急响应的相互衔接和协调。

2.2.1.3　应急准备资金的管理

国家、省及核电厂营运单位的应急准备应充分利用现有组织机构、人员、设施和设备,努力提高应急准备资金的使用效益,并使应急准备工作与有关发展规划相结合。

2.2.2 应急响应

核电厂应急响应的基本程序和响应活动的简况如下：

(1) 核电厂进入应急待命状态时，核电厂营运单位的应急组织执行应急预案，采取缓解措施，并向场外应急组织通告；省核应急组织和国家核应急办及时报告情况，加强值班。

(2) 核电厂进入厂房应急状态时，核电厂营运单位应实施应急预案，采取措施使核电厂恢复安全状态，同时按规定向场外应急组织报告事故的情况；省核应急组织启动省级核应急指挥中心，及时报告情况，有关省级应急专业组进入待命状态；国家核应急办启动国家核应急响应中心，按规定向国家核应急协调委报告并向有关部门和专家通报情况，加强与营运单位的联系，并做好实施应急支援准备。

(3) 核电厂进入场区应急状态时，核电厂营运单位实施应急预案，采取措施使核电厂恢复安全状态，撤离场内非应急人员，按规定向场外应急组织报告事故情况，在核电厂附近的场外区域实施辐射监测；省核应急组织有关领导到省应急中心指导应急响应工作，向国家核应急办报告有关情况，各应急专业组进入待命状态，并根据需要开始行动；国家核应急办按规定向国家核应急协调委报告，通知有关部门并做好实施紧急支援的准备，国家核应急协调委领导进入国家核应急响应中心，及时向国务院报告事故情况。

(4) 当发生严重核事故，需要进入场外应急(总体应急)状态时，核电厂营运单位向省核应急组织及时提出进入场外应急状态的建议；省核应急组织向国家核应急协调委提出请求批准进入场外应急状态的报告；国家核应急协调委审批进入场外应急状态。在事故情景十分危急时，省核应急组织可先决定进入场外应急状态，并立即向国家核应急协调委报告。国家核应急协调委及时向国务院报告进入场外应急状态，必要时请求协调应急响应。

(5) 当事故辐射后果影响或可能影响邻近省时，由核电厂所在省的核应急组织负责向省政府通报事故情况，并提出相应建议；国家核应急协调委负责指导有关省政府采取适当措施。

(6) 当核电厂营运单位和省核应急组织的应急力量不足需要国家支援时，由国家核应急办根据支援请求按规定的程序报批，通知被调用力量的单位及其上级部门，要求组织实施支援，可能需要提供的支援包括：辐射监测、气象资料、事故后果评价、工程检验、医疗救治、交通支援等。应急支援力量进入现场执行任务，并按批准的应急预案执行有关调动、联络、指挥及协调等事宜。

(7) 对核事故和应急响应的信息实行集中统一的规范化管理，信息渠道、信息分类和信息发布等应符合有关规定的要求。

(8) 当核事故的辐射影响可能或已经超越国界，按《及早通报核事故公约》的要求实施通报。

(9) 当事故得到缓解，已恢复到安全状态，终止场外应急状态，核电厂营运单位和省政府负责组织各自的恢复工作，并按《及早通报核事故公约》向国际原子能机构提供有关终止应急状态的信息。

(10) 我国台湾省核事故时的应急响应。

我国台湾省发生核事故可能或已经对大陆造成辐射影响时，参照本预案的有关规定和执行程序组织应急响应。

涉及台湾省核事故的国际通报及紧急援助的有关事宜，按我国外交部与国际原子能机构 1992 年 12 月以互换照会形式确认的谅解备忘录(CPM-92-081)执行。

(11) 我国周边国家核事故的应急响应。

我国周边国家发生核事故，参照本预案有关规定及执行程序组织应急响应，这种情况下的应急响应主要涉及辐射监测、饮水和食品控制等，除受影响省政府组织的应急响应外，国家级的响应按规定的职责任务分工实施。

2.3　核应急管理法规简介

我国的核应急工作开始于1986年，经过20多年的努力，相继颁布了一系列与核事故应急有关的法律、法规、部门规章和国家标准，初步奠定了我国核应急工作的法制基础，我国核事故应急法律法规体系如图2-3-1所示。

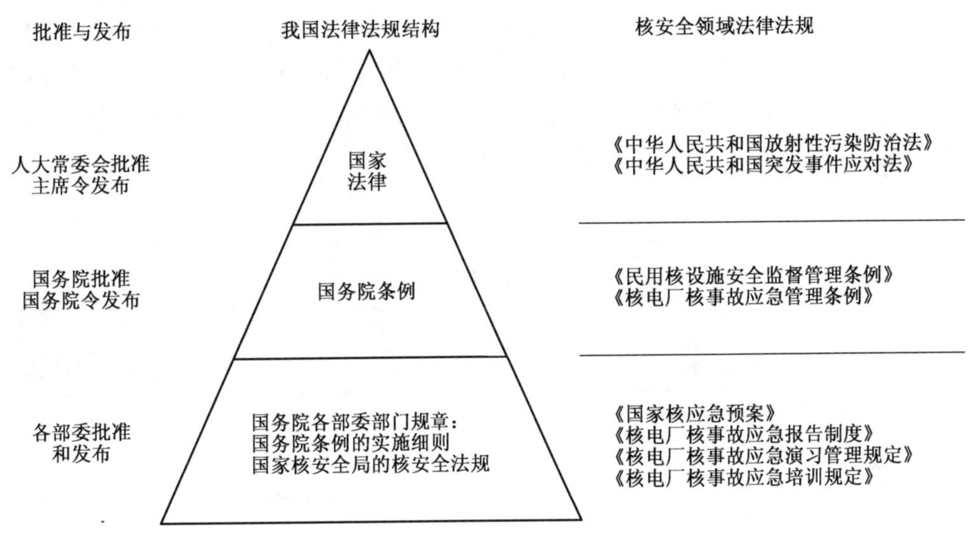

图2-3-1　我国核事故应急法律法规体系简图

(1) 国家法律是法律法规的最高层，由它产生的条例或规章的具体内容不能与国家法律法规相抵触。

(2) 国务院条例是国务院的行政法规，是法律法规的第二层次，是国家法律在某一个方面的细化，它规定了该方面的法律要求。

(3) 国务院各部委的部门规章是法律法规的第三层次，是法律法规的实施要求。

2.4　核事故应急的国际安排

我国是《及早通报核事故公约》及《核事故或辐射紧急情况援助公约》的缔约国，按照公约要求履行义务。我国万一发生影响境外的核事故时，由国家核事故应急办公室汇总有关事故信息，按照《及早通报核事故公约》的要求，直接或通过国际原子能机构向那些受影响或者可能受影响的国家或地区进行事故通报和事故信息传递。当事故得到缓解，已恢复到安全状态，终止场外应急状态时，也按《及早通报核事故公约》的要求，向国际原子能机构提供终止应急状态的信息。

我国 2002 年 4 月发布了《核事故辐射影响越境应急管理规定》,该规定强调了在核事故辐射影响越境情况下,我国将履行有关国际公约的义务,并执行条例的有关应急响应行动。

2.5 国际核事件分级

国际核事件分级的目的是为了统一世界核电厂事件级别的划分原则与标准,以便迅速向新闻媒体和公众通报核电厂对安全有重要意义的事件,使公众和新闻媒体能有一个简单易懂和进行交流的判断准则。这里需要提醒的是:不要将第四章介绍的核电厂应急状态分级与此处的国际核事件分级(INES/IAEA)相混淆。应急状态分级是为核电厂实施快速、有效的核事故应急响应行动服务的。

国际原子能机构和经济合作与发展组织制订了国际核事件分级表,分级表中列出与核安全或辐射安全有关的事件,较高级别(4 至 7 级)称为“事故”,较低级别(1 至 3 级)称为“事件”,不具有安全意义的事件被归类为分级表以下的 0 级称为“偏差”。核事件分级的基本结构如表 2-5-1 所示,国际核事件分级表如表 2-5-2 所示。

表 2-5-1 核事件分级的基本结构

(表中给出的判据仅是粗略的指标)

级 别	影响的方面		
	场外影响	场内影响	对纵深防御的影响
7 特大事故	放射性物质大量释放: 大范围的健康和环境受到影响要求		
6 重大事故	放射性物质明显释放: 可能需要全面执行应急计划的相应措施		
5 具有厂外风险的事故	放射性物质有限释放: 可能要求部分执行应急计划的部分措施	反应堆堆芯/放射性屏障受到严重损坏	
4 没有明显厂外风险的事故	放射性物质少量释放: 公众受到相当于规定限值的照射	反应堆堆芯/放射性屏障受到明显损坏/有工作人员受到致死剂量的照射	
3 重大事件	放射性物质极少量释放: 公众受到规定限值一小部分的照射	污染严重扩散/有工作人员发生急性健康效应	接近发生事故 安全保护层几乎全部失效
2 事件		污染明显扩散/有工作人员受到过量照射	安全措施明显失效的事件
1 异常			超出规定运行范围的异常情况
0 偏差	无安全意义		

注:依据 IAEA 和 OECA/NEA 联合编制的《国际核事件分级表(INES)使用手册》,维也纳,2001 年。

核事件分级的三个主要准则是：核设施的场内影响、场外影响和对纵深防御的影响。当一个事件具有一个以上准则所表示的特征时，则按其中任一个准则衡量的最高级别来定级。

以上每个级别的事件典型说明，以及过去在核设施方面发生的核事件的定级实例如表2-5-2所示。

表 2-5-2　国际核事件分级表

（用于安全重要性的迅速沟通）

级别	说明	事件性质	实例
7	特大事故	· 大型核装置（如动力堆的堆芯）中大部分放射性物质向外释放。一般涉及短寿命和长寿命放射性裂变产物的混合物（从放射学上看，其数量相当于超过几万 TBq（太贝可，即 10^{12} Bq）的 ^{131}I）。这类释放可能有急性健康效应；在可能涉及一个以上国家的大范围地区有慢性健康效应，有长期环境后果	1986年苏联切尔诺贝利核电厂（现属乌克兰）事故
6	重大事故	· 放射性物质向外释放（从放射学上看，其数量相当于几千到几万 TBq 的 ^{131}I）。这类释放将可能需要全面实施当地应急计划中包括的相应措施以限制严重的健康效应	1957年苏联基斯迪姆后处理装置（现属俄罗斯）事故
5	具有厂外风险的事故	· 放射性物质向外释放（数量上等效放射性相当于几百到几千 TBq 的 ^{131}I），这种释放可能需要部分实施当地应急计划中包括的相应措施，以减少造成健康效应的可能性 · 设施严重损坏。这可能涉及动力堆堆芯大部分严重损坏、重大临界事故或者设施内大量放射性的重大火灾或爆炸	1957年英国温茨凯尔反应堆事故 1979年美国三哩岛核电厂事故
4	无明显厂外风险的事故	· 放射性物质向外释放，使关键人群受到几 mSv 量级剂量的照射[1]。对于这种释放，除当地可能需要进行食品管制外，一般不需要厂外保护行动 · 设施明显损坏。这类事故可能包括造成重大厂内修复困难的损坏，如动力堆堆芯部分熔化和非反应堆设施内发生的可比事件 · 一名或多名工作人员受到极可能发生早期死亡的过量照射	1973年英国温茨凯尔后处理装置事故 1980年法国圣朗核电厂事故 1983年阿根廷布宜诺斯艾利斯临界装置事故
3	重大事件	· 放射性物质向外释放，使关键人群受到十分之几 mSv 量级剂量的照射[1]。对于这类释放可能不需要厂外保护性措施 · 造成工作人员受到足以引起急性健康效应的剂量的厂内事件和/或造成污染严重扩散的事件。例如几千 TBq 的放射性释放进入一个二次包容结构，而这里的放射性物质还可以返回令人满意的贮存区 · 安全系统再发生故障可能造成事故工况的事件，或如果发生某些始发事件安全系统将不能防止事故的状况	1989年西班牙范德略斯核电厂事件

续表

级别	说明	事件性质	实例
2	事件	· 安全措施明显失效,但仍有足够的纵深防御,可以应付进一步故障的事件,包括实际故障定级为1级,但暴露出另外的明显组织缺陷或安全文化缺乏的事件 · 造成工作人员受到剂量超过规定年剂量限值的剂量事件和/或造成设施内有显著量的放射性存在于未考虑区域内,并且需要纠正行动的事件	
1	异常	· 超出规定运行范围但仍保留有明显的纵深防御的异常情况。这可能归因于设备故障、人为差错或规程不当,并可能发生于本表覆盖的任何领域,如电厂运行、放射性物质运输、燃料操作和废物贮存。实例有:违反技术规格书或运输规章,没有直接安全后果,但暴露出组织体系或安全文化方面不足的事件,管道系统中超出监督大纲预期的较小缺陷	
0	偏差	· 偏差没有超出运行限值和条件,并且依照适当的规程得到正确的管理。实例有:在定期检查或试验中发现冗于系统中有单一的随机故障,正常运行的计划反应堆保护停堆,没有明显后果的保护系统假信号触发,运行限值内的泄漏,无更广泛安全文化意义的受控区域内较小的污染扩散	

注:1) 剂量用有效剂量当量(全身剂量)表示。适当时,这些准则也可用国家主管部门规定的相应排出物的年排放限值来表示。

复习思考题

1. 简述国家核应急管理体系和核应急管理的方针。
2. 国家核应急预案与核电厂应急准备与响应的关系是什么?
3. 和核应急准备与响应有关的我国主要法律和法规的名称是什么?
4. 实施国际核事件分级的主要目的是什么?

第三章 核电厂不同阶段应急准备与响应的要求

《核电厂核事故应急管理条例实施细则之一——核电厂营运单位的应急准备和应急响应》(HAF002/01)中对核电厂不同阶段的应急准备与响应提出了相应的要求。

3.1 核电厂厂址选择阶段

核电厂及有关单位应对核电厂厂址区域在整个预计寿期内执行应急计划的能力进行评价。应当确认:在核电厂开始运行前,外围地带在实施应急计划方面不存在不可克服的困难。

3.2 核电厂设计阶段

对核电厂事故状态(包括严重事故)及其后果做出分析,对厂内的应急设施、应急设备和应急撤离路线作出安排,并在初步安全分析报告(PSAR)有关运行管理的章节中,应提出核电厂应急计划的初步方案。

3.3 核电厂建造阶段

核电厂及有关单位应编制场内应急计划和执行程序,开展相应的应急准备工作,完成应急设施的建设,编写应急演习计划。若新建核电厂厂址内已有正在运行的核电厂,则应针对正在运行的核电厂潜在事故,编制相应的应急准备程序并进行适宜的应急准备。如正在运行的核电厂发生意外事故影响场外时,新建核电厂营运单位应有效实施应急响应,以确保工作人员的安全。

3.4 核电厂首次装料前阶段

核电厂的场内应急计划经其主管部门审查后应作为独立文件,于首次装料前与最终安全分析报告(FSAR)一并上报国家核安全局审批,并按规定进行装料前的应急演习。在运行开始前核电厂营运单位应做好全部应急准备。

新建的核电厂只有在其场内和场外应急计划被审查批准后,方可装料。

场内应急计划由核电厂核事故应急机构制定,经其主管部门审查后送国家核安全局审批。场外应急计划由核电厂所在地的省级人民政府指定的部门组织制定,报国家核安全局审批。

3.5 核电厂运行阶段

核电厂运行阶段，应急准备应做到常备不懈；应急状态下需要使用的设施、设备和通信系统等须妥善维护，处于随时可用状态，并定期进行核事故应急演习和对应急计划进行复审及修订。

核电厂出现应急状态时，应有效实施应急响应，及时按核事故应急报告制度报告事故情况，并与场外应急机构协调配合，以保证工作人员、公众和环境的安全。

3.6 核电厂退役阶段

对退役期间可能出现的应急状态、可能产生的辐射危害，在退役报告中的应急计划应有明确的对策。在退役期间一旦发生事故，应有效实施应急响应，以保证工作人员、公众和环境的安全。

复习思考题

1. 核电厂营运单位的应急准备与响应工作，体现在核电厂哪些阶段中？
2. 核电厂首次装料前，对营运单位的应急准备与响应有哪些具体要求？
3. 核电厂运行阶段和核电厂建造阶段的应急准备工作的主要区别？

第四章 应急状态分级和可能引发应急状态的典型事件

4.1 核电厂应急状态分级

为了有效地实施应急响应，须对应急状态进行分类并对每一种应急状态进行评价，以便确定应急响应行动的范围和程度。根据核电厂可能发生的事件或事故的性质、特征、规模、后果(或可能的后果)及后果的严重程度，将应急状态依次分为应急待命、厂房应急、场区应急和场外应急 4 个级别。

(1) 应急待命

出现可能导致危及核电厂核安全的某些特定情况或外部事件，核电厂有关人员得到通知进入应急准备状态。

应急待命的特征是一些事件正在进展或已经发生，核电厂安全水平可能下降，但还有时间采取预防性措施以防止向更高级别的应急状态演变。

应急待命的事件还应包括那些更严重事件的征兆，因为这种征兆也预示着核电厂的安全水平可能下降。在这类事件中，预期不会出现需要采取场外响应行动(如进行场外辐射监测)的放射性物质释放。

宣布应急待命后，迅速采取措施缓解后果和进行评价，加强核电厂营运单位的响应准备，并视情况加强地方政府的响应准备。

(2) 厂房应急

放射性物质的释放已经或者可能即将发生，但实际的或者预期的辐射后果仅限于核电厂厂房内部或核电厂的局部区域的状态；核电厂人员按照场内核事故应急计划的要求采取应急响应行动，并通知厂外的有关核事故应急响应组织。

厂房应急的特征是一些事件正在进展或已经发生，核电厂安全水平实际上或可能发生大的下降。然而，如果有放射性物质释放的话，预计场外照射水平只是相当于采取紧急隐蔽防护行动的通用干预水平(可避免剂量 10 mSv)的很小部分。

此时关注的重点不应是判断安全水平的下降是否足够大，而是关注安全系统出现问题的后果是否需要为进一步加强对核电厂安全状态的监控而进入厂房应急状态，即确定当班运行人员是否需要支持，而不论此时是否已经确定了核电厂安全水平的下降。加强监控即可更好地确定核电厂的安全状态，又可确定是否需要将应急状态升级或终止应急状态。厂房应急事件的后果剂量只是相当于采取紧急隐蔽防护行动的通用干预水平的很小部分，全身剂量在 0.1～1.0 mSv。

宣布厂房应急后，核电厂营运单位迅速采取行动缓解事故后果和保护现场人员。

(3) 场区应急

事故的辐射后果已经或者可能扩到整个场区，但场区边界处的辐射水平没有或者不会达到干预水平的状态。场区内的人员采取核事故应急响应行动，通知省级人民政府指定的部门，某些厂外核事故应急响应组织可能采取核事故应急响应行动。

场区应急的特征是事故正在进展或已经发生，核电厂的一些安全设施的功能已经丧失或可能丧失。在这种应急状态下，可能出现堆芯损坏的情况，可能从核电厂中释放出一些放射性物质。除在场区边界附近之外，预计场外其他区域的照射水平不会超过采取紧急隐蔽防护行动的通用干预水平(可避免剂量 10 mSv)。经后果评价确定场外区域的照射水平超过隐蔽防护行动的通用干预水平后，应立即向场外应急组织建议宣布进入场外应急状态，并采取相应的防护行动。

(4) 场外应急

场外应急状态是指事故的辐射后果已经或者预期可能超越场区边界，必须立即通知场外应急组织，建议立即进入场外应急状态，并采取相应的应急响应行动，此时执行整个场内和场外的核事故应急计划。

场外应急的特征是事故正在进展或已经发生，堆芯即将或已经极大损坏，甚至熔化，同时安全壳完整性可能丧失。在这种应急状态下，极可能从核电厂释放出大量的放射性物质，事故的辐射后果或潜在的辐射后果可能使场区边界之外超过采取紧急隐蔽防护行动的通用干预水平(可避免剂量 10 mSv)。

宣布场外应急后，迅速采取行动缓解事故后果，保护场区人员和受影响的公众。

4.2 应急初始条件和应急行动水平

运行核电厂为了迅速且恰当地确定应急状态的等级，核电厂营运单位均须根据核电厂的设计特征和厂址特征，制定确定应急状态等级的应急初始条件和应急行动水平。

应急初始条件定义为：预先确定的用于决定核电厂发生或可能发生核或辐射应急而进入某一等级应急状态的所有初始条件。应急初始条件可以是超出核电厂运行技术规格书限值的参数数值或征兆，例如过高的一回路温度；也可以是某个事件或现象，例如火灾或过高的海水水位；还可以是包容放射性屏障的失效，例如一回路破口。

应急行动水平定义为：核电厂应急状态下与某一应急初始条件相对应的某个或某些可测量参数的阈值或可界定的状态。应急行动水平可以是核电厂仪表的读数、场内外可测量的参数值、某个设备的状态、可确认的事件或自然现象、分析计算结果、应急运行规程(EOP)的启用和其他应进入应急状态的情况。

对上述的“应急初始条件”和“应急行动水平”，按照某种方案进行分类(即识别类)，并形成矩阵表，按照应急状态等级由高到低的顺序依次给出了场外应急、场区应急、厂房应急和应急待命的初始条件和应急行动水平。

初始条件是宣布应急状态的基本准则，而应急行动水平是可能符合该初始条件的、具有可操作性的判据。

尽管大多数的应急行动水平都给出了非常确定的阈值，但应急指挥还是必须对那些将要发生、可能导致超出应急行动水平阈值的事件或条件保持高度的警惕。根据应急指挥的判断，如果这种情况即将发生，应急状态等级应按照假设阈值已经被超过来宣布。虽然较高应急状态等级的宣布应当特别地谨慎(尽管早一点宣布可以提供更有效的保护)，但上述原则在运行核电厂仍然被普遍采用。

压水堆核电厂的应急行动水平文件中，将“应急初始条件”和“应急行动水平”按某种方案进行分类，称之为识别类，它分成以下4种：

(1) A类：异常辐射水平和放射性流出物排放；

(2) F类：裂变产物屏障丧失；

(3) H类：影响核电厂安全的灾害和其他条件；

(4) S类：系统故障，并将其体现在矩阵表中。

举例：秦山核电厂应急状态分级矩阵表（节录），详见附录B。

核安全法规中明确规定：核电厂营运单位在其场内应急计划中，应根据核电厂的设计特征和厂址特征提供应急行动水平；在申请首次装料批准书时，提出初步制定的应急行动水平；在申请运行许可证时，应提交修改后的应急行动水平供审评。

4.3 可能引发相关应急状态的典型事件

4.3.1 引发应急待命

可能引发应急待命状态的典型事件如下：

(1) 与核电厂安全有关，可能导致不可接受的放射性释放的核动力设施的失效；

(2) 核电厂场区附近的严重自然事件（诸如洪水、地震、海啸、台风、龙卷风等）的预报或通告；

(3) 核电厂或其邻近地区的重大火灾；

(4) 场区内或场区外有毒或有害气体的释放；

(5) 核电厂的保卫受到威胁；

(6) 邻近的核设施发生事故。

4.3.2 引发厂房应急

可能引发厂房应急状态的典型事件如下：

(1) 核燃料操作事故；

(2) 不影响安全系统的设施内火灾或其他事故；

(3) 不法分子或犯罪分子的活动导致场内处于危险状态，但不会导致对场外采取紧急防护行动的释放。

4.3.3 引发场区应急

可能引发场区应急状态的典型事件如下：

(1) 反应堆堆芯和具有大量放射性的冷却的乏燃料的保护水平明显降级；

(2) 任何附加的失效可能导致场外应急的条件；

(3) 场外剂量接近紧急防护行动干预水平；

(4) 不法分子和犯罪分子的活动，可能破坏关键安全功能的性能，或者导致严重的释放和照射的发生。

4.3.4 引发场外应急

可能引发场外应急状态的典型事件如下：

(1) 实际或预计的堆芯的严重损伤或者是从堆芯刚卸出不久的燃料大量的破损；

(2) 实际的屏障或者关键安全系统的损坏，可能导致放射性的释放有必要执行场外预防性的防护行动；

(3) 发现场外的辐射水平需采取紧急防护措施；

(4) 不法分子或犯罪分子的行动导致无法对关键安全系统的监视和控制，可能有必要采取紧急防护行动，需要防止造成场外剂量的释放或者照射。

复习思考题

1. 核电厂应急状态分为哪几级?

2. 核电厂应急状态分级与国际核事件分级(INES/IAEA)，二者分级目的的差别是什么?

3. 运行核电厂的应急初始条件和应急行动水平在应急状态分级中的作用是什么?

4. 核电厂引起发生应急待命的典型事件有哪些?(举出3个以上实例)

第五章　核电厂应急计划

5.1　应急计划的制定

5.1.1　制定应急计划的目的

制定应急计划的目的是为了保证在核电厂事故工况下，及时有效地采取应急响应措施，缓解和控制事故状态发展，防止或最大限度地减少事故的后果和危害、保护环境、保护工作人员和公众的安全。

5.1.2　应急计划的基本要求

（1）核电厂营运单位在制定应急计划时，不仅要考虑预期的运行工况和事故工况，还应考虑那些发生概率很小、但后果更严重的事故，包括其环境后果大于设计基准事故的严重事故。

（2）应急计划应考虑到非核危害与核危害同时发生所形成的应急状态，诸如火灾与严重辐射危害或污染同时发生、有毒气体或窒息性气体与辐射和污染并存等，并同时考虑特定的场址条件。

（3）核电厂营运单位和地方政府都必须制定应急计划；营运单位制定场内应急计划，地方政府制定场外应急计划。场外应急计划为营运单位与所有其他应急力量做出安排提供有效的协调，场内应急计划又是场外应急计划的基础。

（4）应急计划应在电厂首次装料前完成，并报国家核安全局审批，同时完成装料前的应急演习；在首次装料调试开始前，营运单位应作好全部应急准备。

5.2　场内应急计划的主要内容

制定核电厂场内应急计划时应包括以下主要内容：

（1）总则（目的、依据、适用范围）；

（2）核电厂及其环境概况；

（3）应急计划区；

（4）应急状态、干预水平和应急行动水平；

（5）应急组织与职责；

（6）应急设施与设备；

（7）应急通信、报告与通知；

（8）事故后果评价；

（9）应急响应行动和防护措施；

（10）医学救护；

(11) 应急照射控制；

(12) 应急纠正行动；

(13) 应急终止和恢复正常秩序；

(14) 应急响应能力的维持；

(15) 公众信息与沟通；

(16) 场内、外应急计划的协调和接口；

(17) 记录；

(18) 附件。

5.3 中国核工业集团公司的核应急管理

为了加强中国核工业集团公司(以下简称“中核集团”)核应急准备与响应工作，应加强对中核集团所属成员单位(核电厂营运单位)的核应急准备与响应工作的监督、协调、指导和支持，从而减少事故风险、缓解事故后果，保护工作人员和公众的健康与安全、保护环境。

5.3.1 核应急组织体系

中核集团的核应急准备与响应实施两级管理，即由中核集团和所属成员单位构成，并实行核应急组织与常规机构相结合的兼容体制。中核集团的核应急组织体系如图 5-3-1 所示。

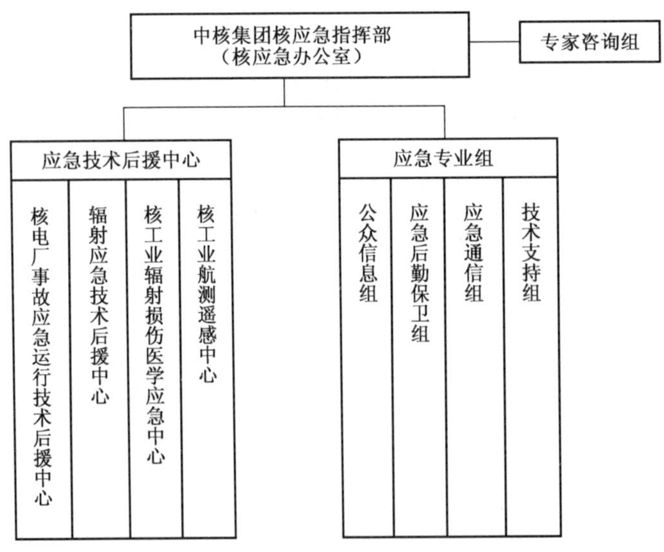

图 5-3-1 中核集团核应急组织体系图

核应急指挥部由中核集团领导、安全环保质量部、办公厅、核电部、科技与国际合作部、核燃料部、金原铀业公司等部门或单位的领导组成；总指挥由中核集团总经理担任，副总指挥(若干人)由中核集团副总经理担任。

5.3.2　应急响应

当中核集团的成员单位(核电厂营运单位)发生事故,并处于应急待命或以上级别的状态时,应立即报告中核集团核应急办公室,同时按有关规定向其他有关部门报告。核应急办公室将根据事故的发生、进展情况,按照启动程序的要求及时通知相关核应急专业组、专家咨询组和应急指挥部有关成员到达中核集团核应急指挥部。

5.3.3　事故后果评价

中核集团核应急指挥部启动后,在核电厂营运单位提供的评价结果的基础上,召集专家咨询组对事故状态及其可能的后果进行会诊、评价,并研究应急响应建议,指导和帮助核电厂营运单位迅速做出有效的应急响应;同时,中核集团各技术后援中心在收到事故信息后,也分别进行相关的分析工作,需要时可向中核集团核应急指挥部提出有关应急运行和事故后果评价及防护行动的建议。

5.3.4　应急状态的终止和正常状态的恢复

核电厂营运单位考虑终止某级核事故应急状态时,均应报告中核集团核应急指挥部,并依据国家有关法规的要求,同时报告有关主管和监督部门。

核电厂营运单位对事故和应急响应做好分析和总结,写出总结报告,上报中核集团核事故应急办公室。总结的基本内容应包括事故的原因、过程、应吸取的主要教训、主要应急响应行动和经验、污染情况和人员受照情况等。必要时,中核集团的专家可赴核电厂现场帮助总结经验和教训,处理善后工作。

5.4　秦山核电基地的核应急管理模式

根据秦山地区核电厂的厂址特点,基于协调、指导和支持的原则,秦山核电厂、秦山第二核电厂和秦山第三核电厂均委托秦山核电基地应急指挥部统一负责应急控制中心的管理和应急状态下的启用,同时还负责在应急状态下核电厂应急环境监测、环境事故后果评价、应急通信保障、消防支援、应急医疗支援,负责应急状态下与国家核应急办公室、浙江省应急办公室、中核集团核应急办公室的报告和联络,以及秦山地区三座核电厂之间的联络接口等工作。秦山核电(集团)有限责任公司(筹)负责人担任秦山基地应急总指挥,各核电厂总经理担任副总指挥;各核电厂的应急总指挥由各核电厂总经理担任,负责各自核电厂的应急响应工作。

秦山核电基地应急响应组织机构如图 5-4-1 所示;秦山核电基地各核电厂应急组织向场外应急组织的报告与联络示意图如图 5-4-2 所示。

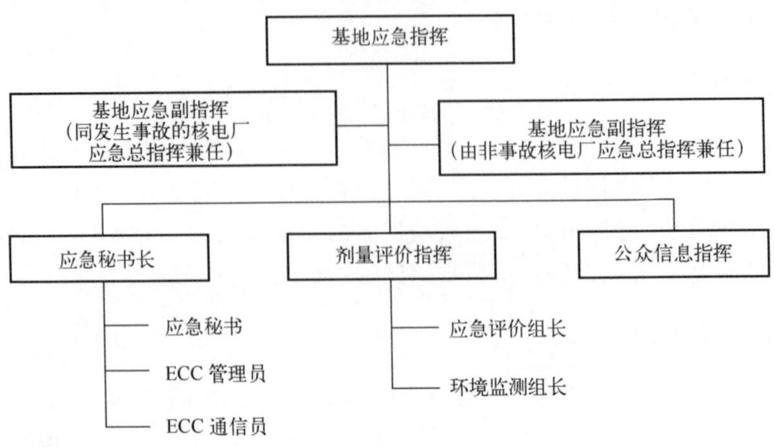

图 5-4-1 秦山核电基地应急响应组织机构图

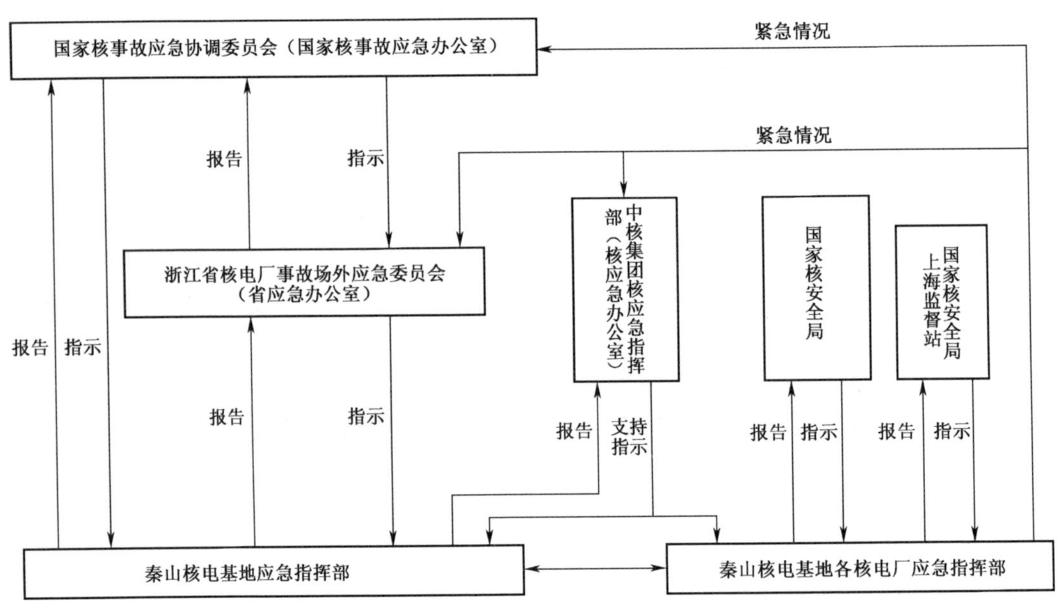

图 5-4-2 秦山核电基地及各核电厂应急组织向场外应急组织的报告与联络示意图

复习思考题

1. 核电厂制订应急计划的目的是什么？
2. 请简述核电厂场内应急计划应包括的主要内容。
3. 请简述中国核工业集团公司的应急组织体系及应急响应要求。

第六章　核电厂应急计划区

6.1　应急计划区的定义

应急计划区是事先在核电厂周围建立并制定应急计划、做好应急准备的区域。划分应急计划区并进行相应的应急准备，在应急干预的情况下便于迅速组织有效的应急响应行动，最大限度地降低事故对公众和环境可能产生的影响。在多数事故情况下，需要采取应急响应行动的区域可能只局限于相应应急计划区的一部分，但在发生严重核事故的极个别情况下，也有可能需要在相应应急计划区之外的区域采取应急响应行动，但由于出现这种极个别情况的概率极小，因此，应急准备只在应急计划区内进行。

6.2　应急计划区的划分原则

应急计划区分为烟羽应急计划区和食入应急计划区。烟羽应急计划区是针对放射性烟羽产生的直接照射、吸入放射性烟羽中放射性核素产生的内照射和沉积在地面的放射性核素产生的外照射；食入应急计划区是针对摄入被事故释放的放射性核素污染的食物和水产生的内照射。

6.2.1　烟羽应急计划区划分原则

确定烟羽应急计划区的范围时，应遵循如下准则：

(1) 在烟羽应急计划区外，所考虑的后果最严重的事故序列，使公众个人可能受到的最大预期剂量不应超过国家主管部门提出的发生严重确定性健康剂量阈值。

(2) 在烟羽应急计划区外，对于各种设计基准事故和大多数严重事故序列，相应的特定防护行动的可防止的剂量，一般应小于国家主管部门提出的相应通用干预水平，即一般不需要采取隐蔽、撤离等紧急防护行动。

2005 年 5 月 24 日发布的《国家核应急预案》中指出：烟羽应急计划区系以核电厂为中心、半径为 7～10 km 划定的需做好撤离、隐蔽和服碘防护的区域。该应急计划区又可分为内、外两区，内区的半径为 3～5 km，撤离(包括预防性撤离)准备一般主要在内区进行。举例：田湾核电厂烟羽应急计划区如图 6-2-1 所示。

6.2.2　食入应急计划区划分原则

确定食入应急计划区大小范围时，应遵循如下准则：

在食入应急计划区外，大多数严重事故序列所造成的食品或饮用水污染水平，不应超过国家主管部门提出的食品和饮用水通用行动水平。

《国家核应急预案》中指出：食入应急计划区系以核电厂为中心、半径为 30～50 km 划定的区域。举例：田湾核电厂食入应急计划区如图 6-2-2 所示。

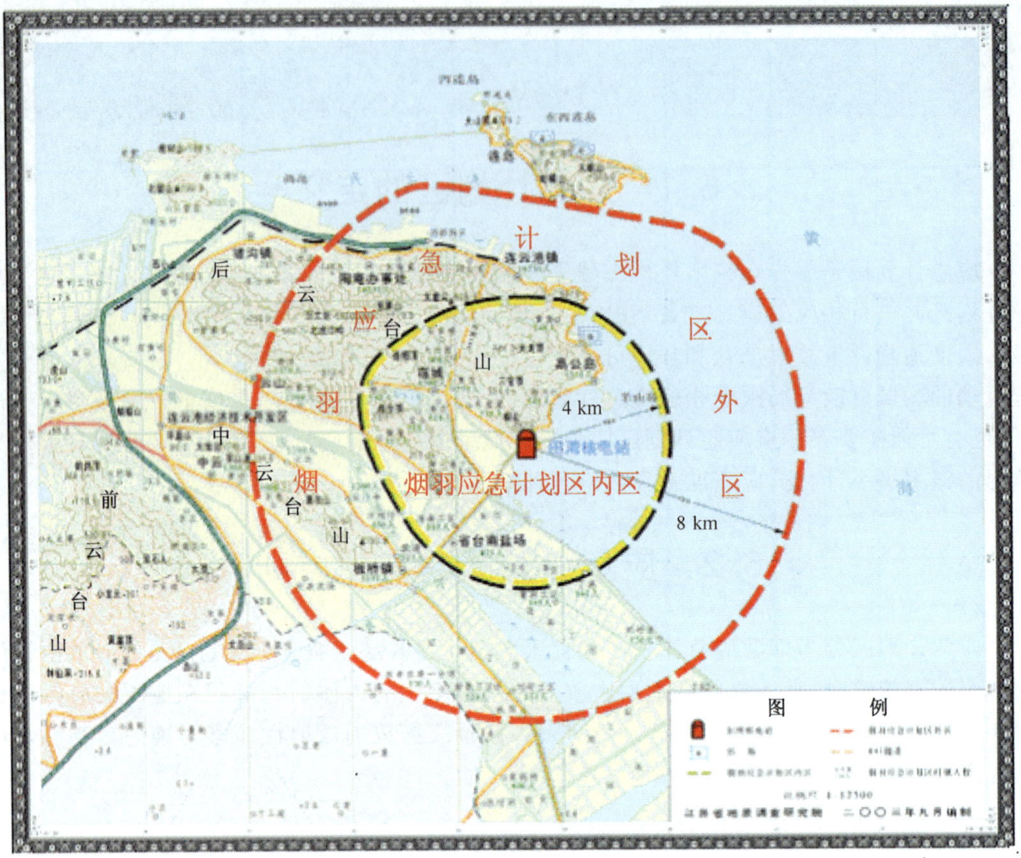

图 6-2-1　田湾核电厂烟羽应急计划区

6.2.3　应急计划区的实际边界和多堆厂址的应急计划区

（1）应急计划区的实际边界

确定应急计划区的实际边界时，除了遵循上述准则外，还应考虑核电厂周围的环境特征（如地形、行政区划边界、人口分布、交通和通信）、社会经济状况和公众心理等因素，使划定的应急计划区实际边界（不一定是圆形）符合当地实际情况，便于进行应急准备和应急响应。例如田湾核电厂的烟羽应急计划区内区半径为 4 km、外区半径为 8 km；食入应急计划区半径为 30 km，分别见图 6-2-1 田湾核电厂烟羽应急计划区和图 6-2-2 田湾核电厂食入应急计划区。

（2）多堆厂址的应急计划区

多堆厂址应急计划应有统一的考虑，范围应包括针对每一反应堆机组所确定的应急计划区的范围，其边界可以是各机组应急计划区边界的包络线。例如：秦山核电基地烟羽应急计划区以秦山第二核电厂的反应堆为圆心，内区为半径 5 km，外区为半径 7 km；食入应急计划区为半径 30 km；分别如图 6-2-3 和图 6-2-4 所示。

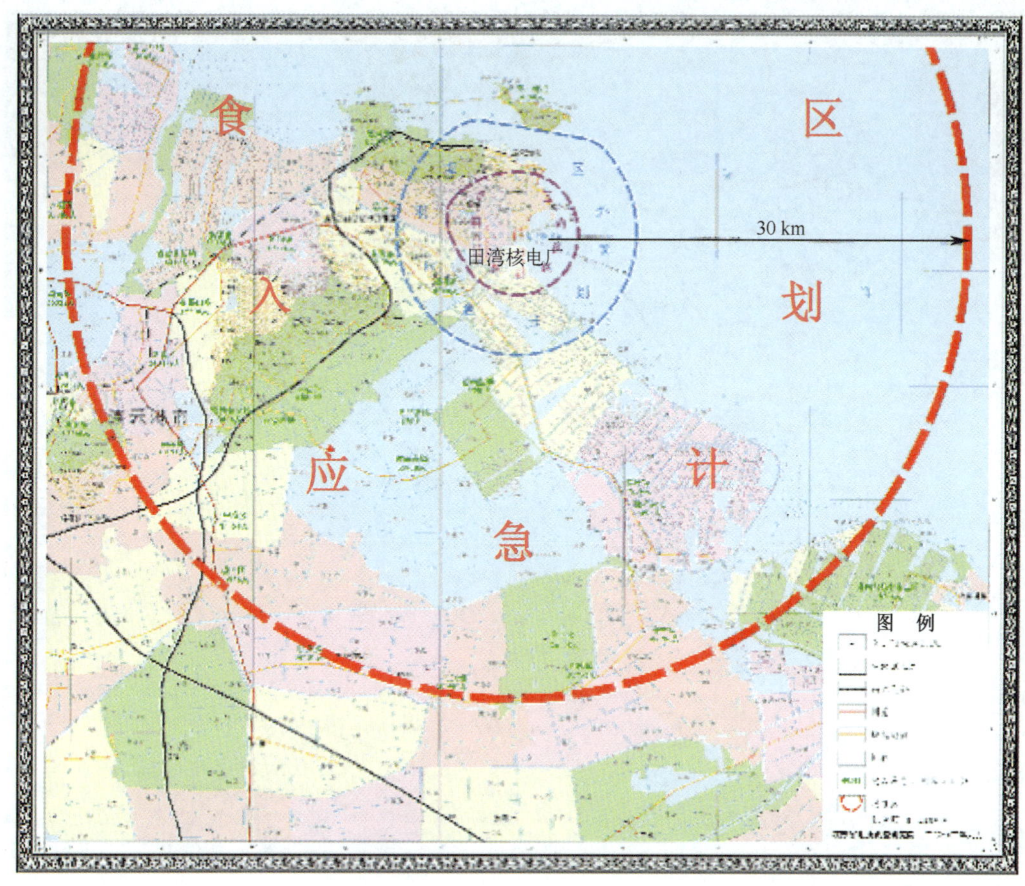

图 6-2-2　田湾核电厂食入应急计划区

6.3　应急计划区内的应急准备

应急计划区并不是说核电厂发生事故时就按划分的区域采取应急行动，划分这个区只是要做好应急准备，其目的是：

在应急干预的情况下便于迅速组织有效的应急响应行动，最大限度地降低事故对环境和公众可能产生的影响。

在多数情况下，需要采取应急响应行动的区域可能只限于相应的应急计划区的一小部分，但在发生非常严重的核事故的特殊情况下，也可能需要在相应应急计划区之外的部分地区采取防护措施。

实际发生事故时，要根据事故的大小和气象条件进行预测，进行实地的辐射水平测量，才能确定在什么地方、采取什么样的应急防护措施。这完全取决于当时的实际情况，由地方核事故应急委员会根据辐射监测数据、评估意见、专家和核电厂的建议并权衡代价利益、风险来决定。

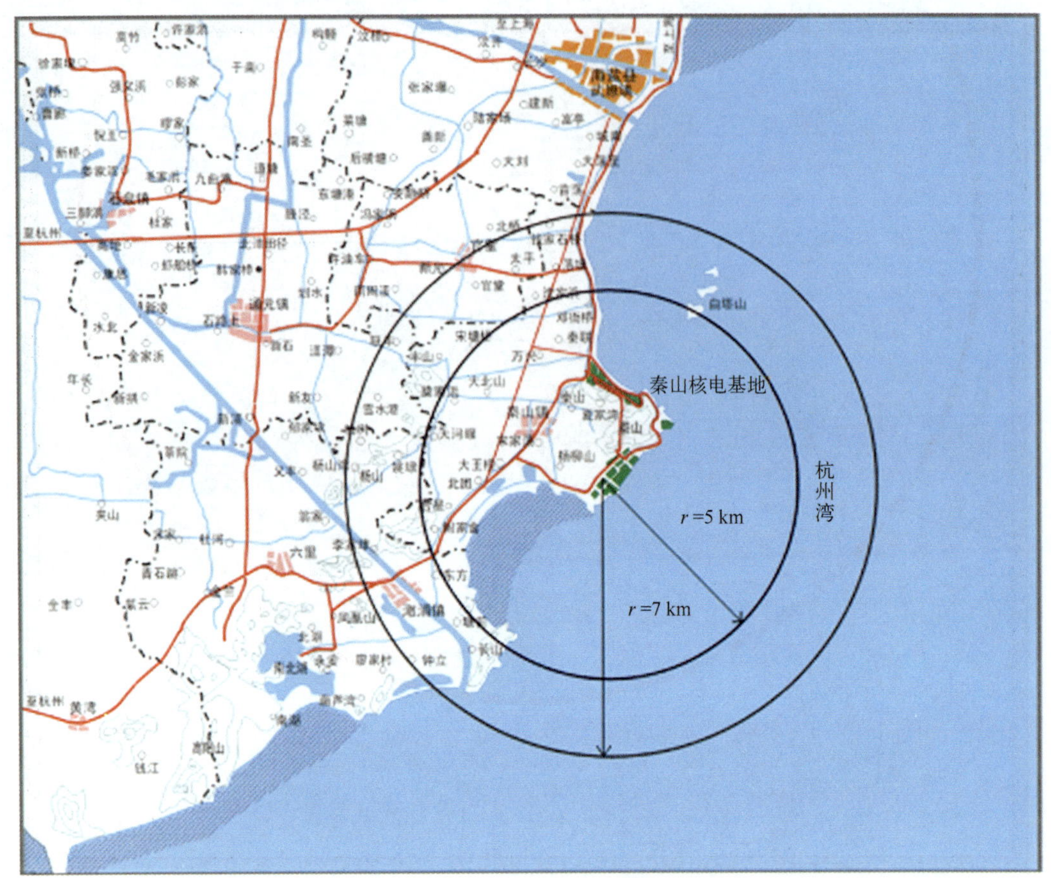

图 6-2-3 秦山核电基地烟羽应急计划

针对烟羽应急计划区和食用应急计划区照射途径的主要防护措施，必须做好如下应急准备：

（1）对核电厂周围 80 km 半径范围内的行政区域的交通、邮电通信、医疗设施、学校、人员分布、饮食习惯、海洋生物、气象等情况进行收集和调查。

（2）把事先确定好的应急计划区内的特殊人群（老弱病残和婴幼儿）分布、交通管制点、应急监测点、取样点及巡测路线、集结点、安置点、洗消点，撤离路线、牛奶场、食品加工厂、水源地等绘制成图。

（3）预先确定好当地住房建筑和公共建筑屏蔽能力和密封性能。

（4）预防药品的生产、贮存、发放和管理：预防药品稳定碘片（碘化钾片），主要由省医药管理局负责组织生产并提供，分别贮存在省、市、县卫生防疫站。由省卫生防疫站实施监督使用和管理。

（5）核电厂事故进入场外应急时，地方核事故应急委员会将各种命令和信息及时传给公众，以便使各有关专业组采取相应的应急措施，并使核电厂周围公众了解事故情况，做好应急准备。采取的方法有：

1）通过行政系统逐级发送应急命令。

2）电视播放：核电厂事故场外应急时，一般的信息和命令、核应急知识、需要公众采取

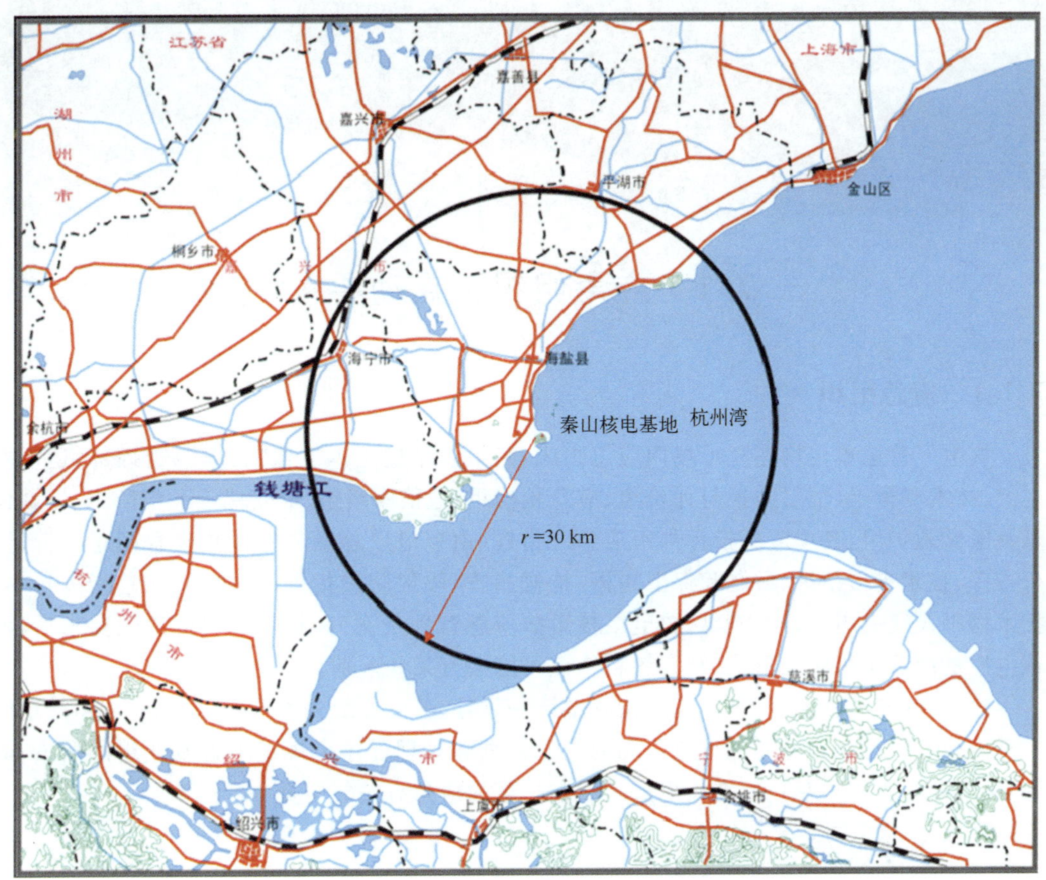

图 6-2-4　秦山核电基地食入应急计划

什么行动，将通过当地的电视台播出，此时核电厂周围公众不管是白天和黑夜，公众应具备连续接收信息和命令的条件。

3）电台广播：核事故时，利用应急计划区内的县级有线广播系统或无线广播，能及时播放应急知识和信息；公众能在室内通过收音机或有线广播收听应急信息。

复习思考题

1. 应急计划区是如何定义的？
2. 烟羽应急计划区是针对什么照射途径建立的？重要照射途径是什么？
3. 食入应急计划区是针对什么照射途径建立的？主要照射途径是什么？
4. 应急计划区的区域边界为什么不一定是圆形的？

第七章 核电厂营运单位的应急组织及应急响应行动

7.1 应急组织及启动要求

7.1.1 应急组织

核电厂营运单位均建立了场内应急组织，其组织结构基本上包括：应急指挥部、运行控制组、技术支援组、辐射防护与评价组、应急抢修组、通信联络组、治安保卫和消防组、后勤保障及医学救护组，其中应急指挥部由应急总指挥（由核电厂总经理担任）、应急副总指挥、运行指挥、技术支援指挥、后勤和保卫指挥、抢修指挥、辐射防护指挥、总协调员、总指挥秘书、技术秘书及秘书组成。在满足《核电厂核事故应急管理条例》和相关核安全法规要求后，各核电厂的应急组织结构形式，结合各自特点可能会有某些差别。

总之，在核事故情况下，由应急指挥部统一领导，各专业组分工合作，共同完成事故期间各种应急响应行动。同时在核电厂场内应急计划和管理程序中规定了各专业组的职责；此外，也规定了核电厂承包商在核电厂现场与核事故应急有关的职责。

7.1.2 主要职责

核电厂营运单位应急组织的主要职责如下：

(1) 贯彻执行国家核事故应急工作的方针、政策和法规；

(2) 制定本核电厂的场内应急计划，建立场内应急组织，做好场内应急准备；

(3) 确定核事故应急状态分级，指挥核电厂的应急响应行动，并协调相关应急岗位的技术支援行动；

(4) 立即采取措施，缓解事故后果；

(5) 保护场内和受营运单位控制的区域内的工作人员的安全；

(6) 进行场内辐射监测，必要时进行场外辐射监测；

(7) 及时向国家和核电厂所在省（自治区、直辖市）核应急组织、主管部门和核安全部门及规定的部门报告事故情况，并保持在事故过程中的紧密联系；

(8) 提出进入场外应急状态和场外采取应急防护措施的建议；

(9) 配合和协助核电厂所在省（自治区、直辖市）核应急组织做好应急响应工作。

7.1.3 核电厂应急组织举例

举例：1) 秦山第三核电厂应急组织体系，如图 7-1-1 所示。

2) 田湾核电厂应急组织体系，如图 7-1-2 所示。

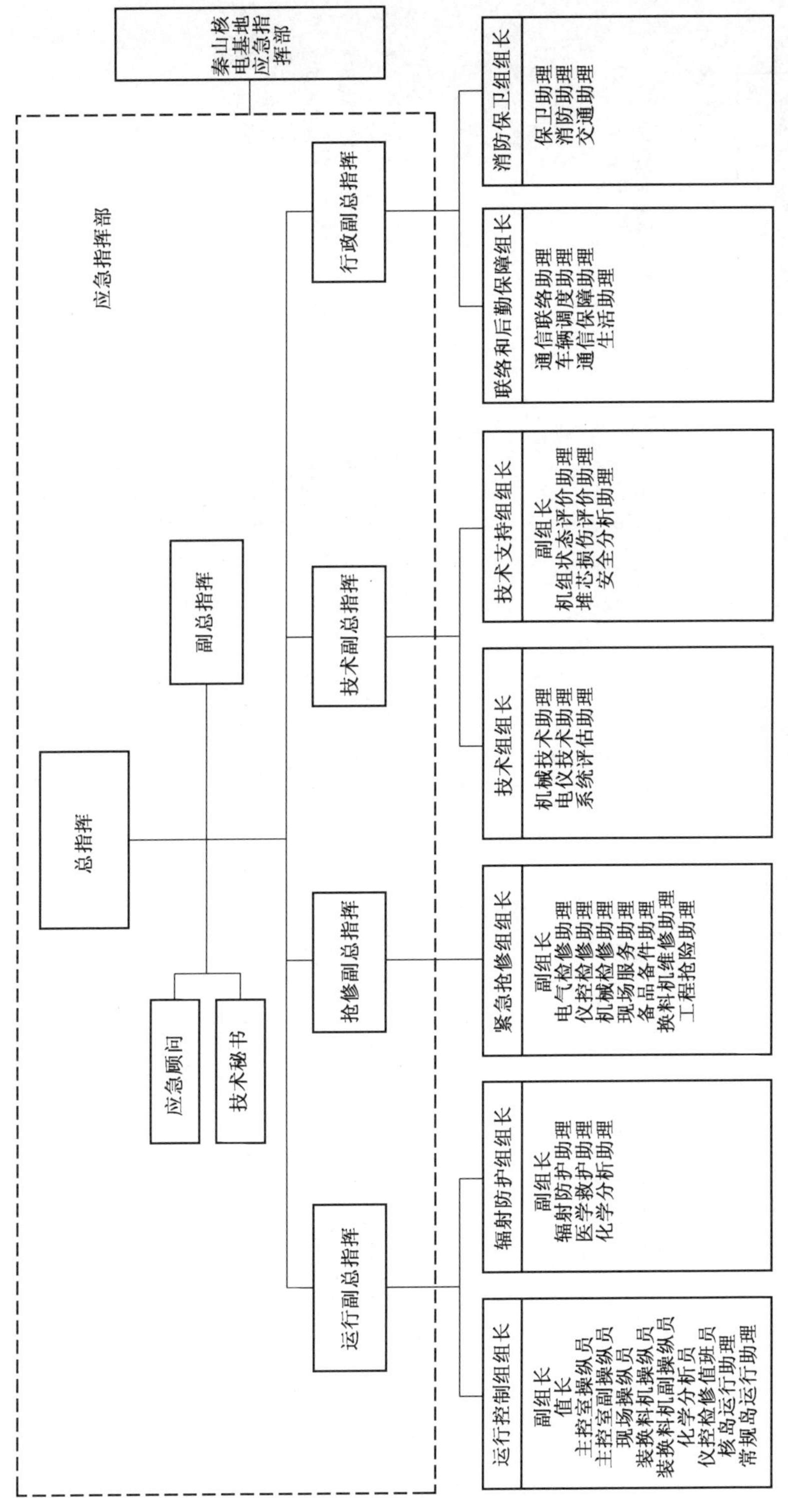

图 7-1-1 秦山第三核电厂应急组织体系图

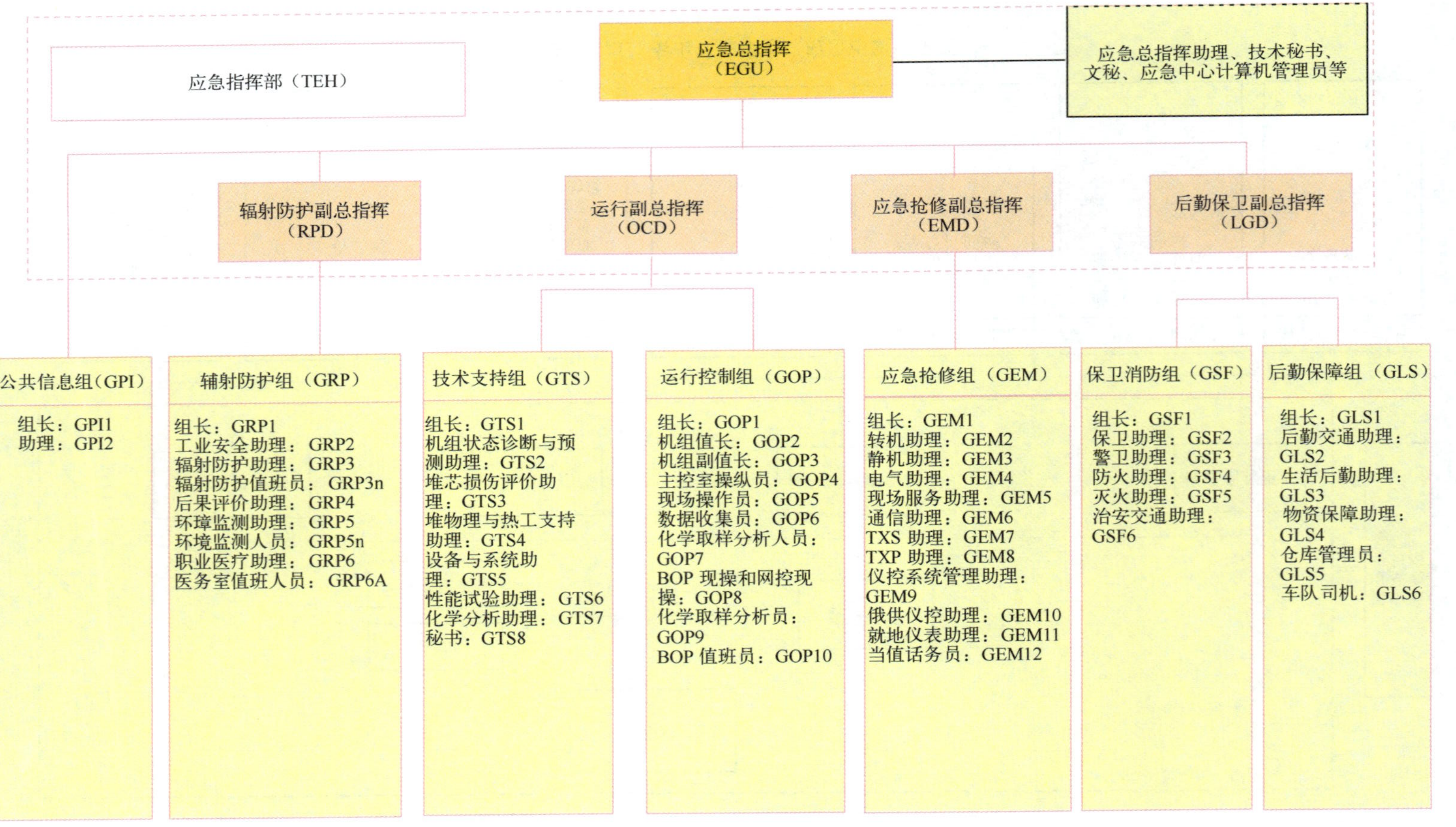

图 7-1-2 田湾核电厂应急组织体系图

7.2　应急报告制度

7.2.1　应急准备报告

应急准备报告是指在应急准备期间的应急准备工作的年度计划报告和年度总结报告。

在正常运行情况下，核电厂营运单位在每年第一季度末，应向国家有关部门提交应急准备工作年度计划报告和上年度应急准备的总结报告，每次综合演习和联合演习结束后一个月内应提交演习总结报告。

应急准备工作年度计划报告的内容主要包括：

(1) 应急培训和演习的计划与内容；

(2) 应急设备的维护计划和预计的可能变更；

(3) 有关应急文件的修订计划等。

应急准备工作年度总结报告内容主要包括：

(1) 应急培训和演习内容、参加人员和取得的效果等；

(2) 应急设施、设备、通信系统和各类应急器材的清单、状况、标定以及检查维修的结果。

7.2.2　演习或事故通告和报告

在进行应急演习期间或发生事故情况下，核电厂营运单位将按下述规定进行通告和报告。

7.2.2.1　通告

应急通告必须在确定或宣告进入应急状态后 15 min 内发出。

应急指挥部启动之前(一般是应急待命或突发的应急待命以上等级情况下)，由事故机组值长负责指令数据收集员编制相关的通告，主控室用电话和传真通告国家核应急办公室、国家核安全局(及所在地区的核与辐射安全监督站)、省核应急办公室以及中核集团公司核应急办公室。

应急指挥部启动后(一般是非突发的应急待命以上等级应急状态情况下)，由已启动的应急指挥部技术秘书在应急指挥部用电话和传真通告国家核应急办公室、国家核安全局(以及地区核与辐射安全监督站)、省核应急办公室以及中核集团公司核应急办公室。传真通告由事故机组数据收集员编制并传真到应急指挥中心，由应急指挥部技术秘书填写编号和通告人信息，运行副总指挥审核，应急总指挥批准。

核电厂宣布应急状态终止之后要立即用电话和传真向场外应急组织发出通告。

7.2.2.2　初始报告和后续报告

初始报告必须在确定或宣告进入厂房应急或以上应急状态后 45 min 内发出。

(1) 由应急指挥部组织填写初始报告，经副总指挥部审核和应急总指挥批准，通过传真向国家核应急办公室、国家核安全局(以及地区核与辐射安全监督站)、省核应急办公室以及中核集团公司核应急办公室发出初始报告。

(2) 若应急指挥部尚未启动(一般是突发的厂房应急或以上应急状态情况下),由事故机组值长组织填写初始报告或部分内容,在确定或宣告进入应急状态 45 min 之内发出初始报告。

(3) 初始报告发出之后,每隔 1 h 发出一次后续报告。在应急状态升级时,立即发出后续报告。之后,每隔 1 h 用传真发一次后续报告。在确认核事故得到有效控制后,可每隔 2～3 h发送一次后续报告,直至应急状态终止。

7.2.2.3 恢复期报告

当核电厂应急状态终止并进入恢复期后,在最初的数日,技术秘书填写应急报告,经应急总指挥审核批准后,每 24 h 用传真向国家核安全局、地区核与辐射安全监督站、省核应急办公室和中核集团公司核应急办公室发出恢复期报告。以后根据恢复情况,可将报告的间隔延长。

7.2.2.4 事故应急最终评价(总结)报告

当应急状态终止后 30 天内由核电厂营运单位以公文方式向国家核应急办、国家核安全局、地区核与辐射安全局监督站、省核事故应急办、中核集团公司核应急办公室提交事故应急最终评价(总结)报告。

报告的主要内容包括:

(1) 事故发生前核电厂工况、主要运行参数和事故演变过程;

(2) 事故过程中,放射性物质的释放方式,释放的核素及其数量;

(3) 事故的根本原因和导致其发生的直接原因;

(4) 事故发生后采取的补救措施和应急防护措施;

(5) 对发布的应急状态及其变更情况说明和事故后对场内外剂量分布的测量和估算;

(6) 事故造成的损失和场内外污染情况及场内外人员受照射情况;

(7) 取得的经验教训和防止其再发生的预防措施;

(8) 需要说明的其他问题和参考资料。

7.3 应急状态报警信号和应急响应行动

7.3.1 应急状态的报警信号

核电厂的应急状态分为:应急待命、厂房应急、场区应急和场外应急 4 个级别,核电厂在出现异常事件或事故情况,首先是由该机组的当班值长按照应急初始条件和应急行动水平,初步判断应急状态等级;事故机组的当班值长接到应急状态批准的通知后,执行应急状态报警信号的发布,并对不同的应急状态,执行不同的报警通知方式。下面以秦山核电厂为例进行举例说明。

7.3.1.1 机组值长的应急通知

(1) 初始应急响应通知

连续广播三遍,中间停顿 5 s。广播用语为:“全体运行人员注意! 全体运行人员注意! 我是当班值长×××,由于电厂发生(××异常事件),所有运行人员必须坚守岗位,做好本职工作。通知完毕。”

(2) 应急广播

连续广播三遍，中间停顿 5 s。广播用语针对应急待命、厂房应急、场区应急状态时的用语：“全体人员注意！全体人员注意！我是当班值长×××，现在宣布：电厂进入‘应急待命/厂房应急/场区应急’状态，所有运行和应急人员必须坚守岗位，其他人员在各自的岗位等待指示。通知完毕。”

针对场外应急状态时的广播用语：“全体人员注意！全体人员注意！我是当班值长×××，现在宣布电厂进入场外应急状态，所有运行和应急人员必须坚守岗位。通知完毕。”

(3) 通知应急通知员

当班值长接到应急状态批准的通知后，应通知应急通知员，通知用语为：“我是当班值长×××，请立即群呼所有应急响应人员，显示信息为：应急待命(或厂房应急/场区应急/场外应急)状态(秦山核电厂)。现在时间××时××分。通知完毕。”

7.3.1.2　应急通知员的应急响应

应急通知员接到当班值长的通知后，立即实施应急通知：

(1) 应急寻呼，将显示信息“应急待命(或厂房应急/场区应急/场外应急)状态(秦山核电厂)”输入短信寻呼设备操作终端，执行群呼。间隔 30 s 再寻呼一遍。

(2) 对重要应急响应人员逐一电话落实，并登记落实情况。电话通知用语为“我是应急通知员×××，现在秦山核电厂进入应急待命(或厂房应急/场区应急/场外应急)状态。”

7.3.2　核电厂应急状态报警信号管理举例

秦山核电厂应急状态厂内报警信号发布的管理，如图 7-3-1 所示；应急状态终止信号的

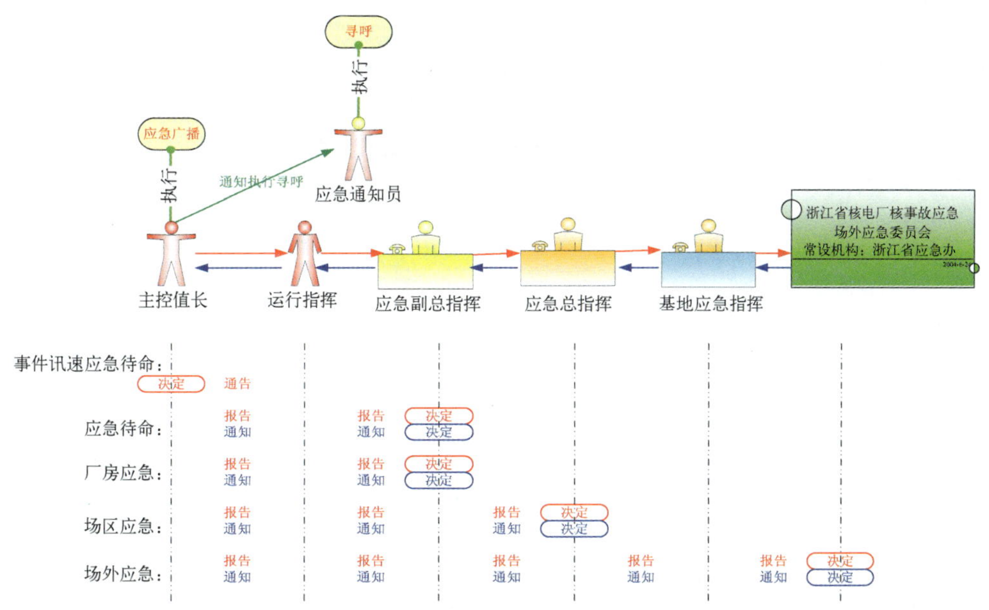

图 7-3-1　秦山核电厂应急状态厂内报警信号宣布流程简图

发布管理，如图 7-3-2 所示。

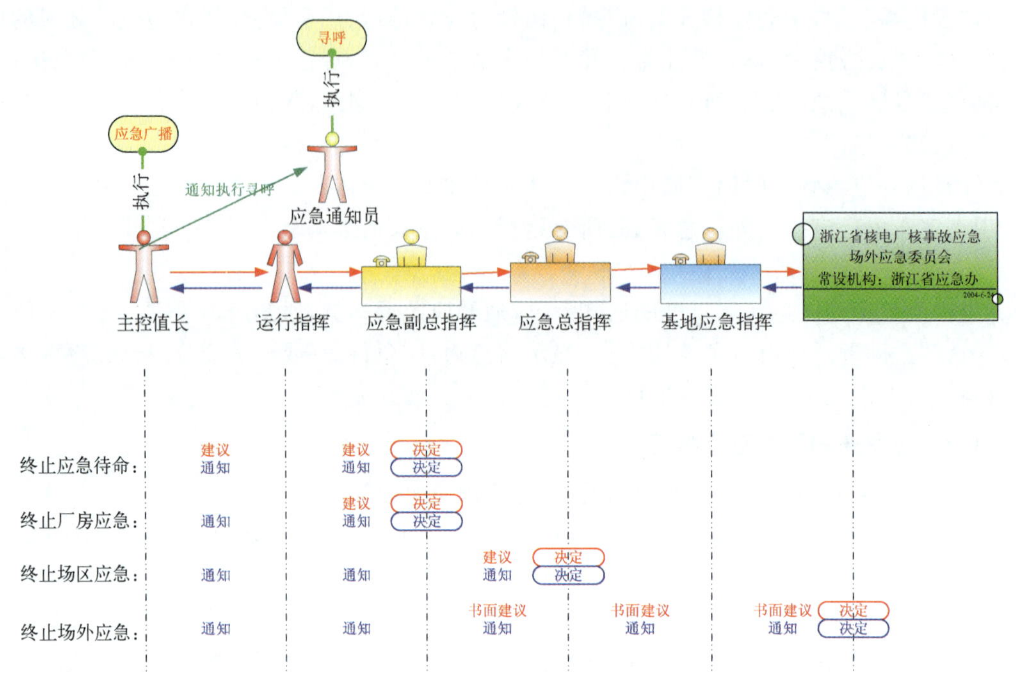

图 7-3-2　秦山核电厂应急状态终止信号宣布流程简图

7.3.3　应急报警信号与应急响应行动的关系

应急报警信号及应急响应行动的关系要点，如表 7-3-1 所示。

表 7-3-1　应急报警信号及应急响应行动要点

应急状态	应急报警信号	应急响应行动
应急待命	1. 移动通信报警“应急待命” 2. 广播通知：核电厂进入“应急待命”状态	· 运行控制组、技术支援组、通信联络组、后勤保障组及医学救护组和指挥部总协调员、技术秘书启动，执行应急程序 · 其他应急响应人员在办公室或宿舍待命，等待进一步的通知 · 非应急人员坚守工作岗位继续工作
厂房应急	1. 移动通信报警“厂房应急” 2. 广播通知：核电厂处于“厂房应急”状态 3. 音响报警，响笛 15 s，间歇 5 s，共响笛三次	· 所有应急响应人员立即赶赴各自应急岗位并向组长报到，按各自岗位的指令单行动；电厂应急组织全面启动 · 发生事故的厂房内人员除应急人员外按通知撤出该厂房，进行集合清点 · 厂区内非应急人员、承包商继续工作，但要密切注意收听广播通知及报警信号，等待进一步的通知

续表

应急状态	应急报警信号	应急响应行动
场区应急	1. 移动通信报警“场区应急” 2. 广播通知：核电厂处于“场区应急”状态 3. 音响报警：响笛 1 min，间歇 10 s，共响笛两次 4. 场区内有流动警车呼叫	· 全体应急响应人员按各自岗位的指令单行动或执行组长指派的其他行动 · 所有非应急响应人员（包括承包商）到就近集合点集合、清点，按通知进行隐蔽、服用碘片或准备进行撤离 · 非应急人员在离开工作岗位前，要关好门窗水电，注意安全
场外应急	1. 移动通信报警“场外应急” 2. 广播通知：同场区应急 3. 音响报警：同场区应急	· 全体应急响应人员按各自岗位的指令单行动或执行组长指派的其他行动 · 所有非应急响应人员（包括承包商）到就近集合点集合、清点，按指定路线进行撤离 · 非应急人员在撤离时要听从指挥、顺序上车，发扬团结友爱精神，互相关爱

7.4　应急人员响应的基本要求

7.4.1　应急人员的响应要点

为了保证应急准备工作的常备不懈，应急人员是确保应急状态下做出响应的技术力量，其岗位和职责分工应非常明确。根据应急状态的初始条件确认并决定进入应急状态等级以后，应急人员接到应急指挥部或事故机组当班值长通过移动通信系统、音响报警和有线广播系统的报警通知后，必须赶赴应急岗位报到，并确保本岗位的通信工具处于可用状态。

遵照执行程序、指令等，执行应急指挥的指令和其职责范围内的各项任务。场内应急机构中各组组长及时向核电厂应急指挥部报告各应急组织的启动和成员到岗情况。

7.4.2　应急人员的防护基本要求

应急照射的控制应遵循正当性原则，避免严重的确定性效应，对不同类型的应急活动采用不同的剂量控制水平。一般情况下，应采取措施使应急人员的受照剂量尽可能控制在年剂量限值范围内。对于可能超过年剂量限值的应急照射，应向接受照射的人员说明情况、相关的危险和可能的后果，坚持自愿原则。

接受应急照射的人员首先必须具备合格的健康条件、基本的辐射防护知识和防护操作技能，同时，应首先选择那些熟悉现场情况、接受过超剂量危险知识和应急对策方面培训的工作人员上岗。

7.5 应急状态终止条件和终止信息发布程序

7.5.1 应急状态终止条件

当应急指挥部确认满足下列条件时，终止应急状态。

7.5.1.1 应急待命的终止

使核电厂安全水平可能降级的异常事件已经结束，或者核电厂安全水平通过处理已恢复至正常。

7.5.1.2 厂房应急的终止

引起事件的原因已经确认，导致进入应急状态的事故处理规程已执行完毕，反应堆已处于安全状态；预计向厂外放射性释放不超过技术规格书的限值；或由自然灾害或外部事件引起应急状态的条件已经消失。

7.5.1.3 场区应急的终止

核电厂的事故已经得到有效控制，反应堆已处于安全状态；放射性释放已降低到技术规格书限值以下；场区的辐射水平已趋于稳定或呈下降趋势；或由自然灾害或外部事件引起应急状态的条件已消失。

7.5.1.4 场外应急的终止

场内条件：核电厂的事故已经得到有效控制，反应堆已处于安全状态；放射性物质已经停止释放或已降到技术规格书限值以下，场区辐射水平已趋于稳定或呈下降趋势；或由自然灾害或外部事件引起应急状态的条件已经消失。

场外条件：场外辐射水平已趋于稳定或呈下降趋势。

7.5.2 应急状态终止信息的发布程序

应急状态可以根据事故和应急响应行动的进展情况，决定采取逐级终止或直接终止。各应急状态终止信息的发布及必须遵循的程序如下。

7.5.2.1 应急待命终止信息发布程序

核电厂营运单位的应急指挥根据核电厂的特定状态，可决定并发布应急状态的终止，并报告中核集团公司核应急办公室，同时终止信息的发布程序，并依据国家有关法规的要求报告有关主管和核安全监督部门。

7.5.2.2 厂房应急终止信息发布程序

核电厂营运单位的应急指挥根据核电厂的特定状态，可提出应急状态的终止，报告中核集团公司核应急办公室并依据国家有关法规的要求报告有关主管和核安全监督部门后发布，同时将此决定通报省核应急办公室。

7.5.2.3 场区应急终止信息发布程序

核电厂营运单位的应急指挥根据核电厂的特定状态，将终止场区应急状态的报告报中核集团公司核应急办公室，依据国家有关法规的要求报告有关主管和核安全监督部门，同时通报省核应急办公室，经中核集团公司核应急办公室和有关主管部门审核后，由核电厂营运单位的应急指挥发布。

7.5.2.4　场外应急终止信息的发布程序

核电厂营运单位的应急指挥根据核设施的特定状态，提出可以终止场外应急状态的状况报告，报省核应急办公室和国家核事故应急办公室，由省核应急办公室上报国家有关主管和核安全监督部门，经国家主管和核安全监督部门批准后，由省核应急办公室发布。

7.6　应急人员的防护措施

7.6.1　应急响应行动中控制应急照射

场内应急人员的防护行动，实际上是对承担应急响应工作的人员采取防护措施，包括保护这些人员人身安全的措施。在应急响应过程中，除了应急响应人员本身严格履行核电厂有关安全防护的规定和程序进行自我保护（如佩戴个人剂量计、穿隔热服、连体服或纸衣、佩戴呼吸防护用品等）外，辐射防护组有必要对承担特殊应急响应任务（如高辐射或高污染水平场所中的阀门操作、设备维修、样品取样和失踪人员的搜寻，以及长时间实施厂区出入及通道控制等）的应急人员进行辐射防护监督和指导；对于某些执行特殊应急任务并可能接受较大剂量的应急人员，应急根据应急照射的原则，需采取各种措施严格控制应急照射剂量，并严格履行审评手续。另外，当进入"场区应急"或"场外应急"状态时，部分虽然已启动到岗但暂时不需要执行任务的应急人员，如暂时无火灾情况时的消防人员，也需要暂时在启动岗位建筑物内隐蔽，等候进一步指令，碘片可到就近应急集合点领取。

不同的应急响应活动，因任务不同，工作环境不同，环境辐射水平不同，应急工作人员可能接受的辐射照射也会不同，为便于实施应急照射控制，有必要对应急响应活动分为以下3类：

组别1：一般应急响应行动（包括辐射监测、后果评价、通信、保卫、消防、应急运行、设备维修、技术支持、医学救护、应急指挥及后勤支持等）；

组别2：控制与缓解严重事故以防止事故继续升级的行动，为避免较大的集体剂量而采取的行动，以及第1组行动中的某些受照射较大的重要响应行动（如设备抢修及持续的辐射监测行动）；

组别3：为防止堆芯严重损伤及大量放射性释放以及拯救生命而采取的行动。

控制应急照射的最主要原则有3条：

(1) 应满足正当性要求，即接受应急照射所带来的利（给核电厂、社会或他人带来的利益）大于它所伴随的弊（本人因接受应急照射而承受的危险）；

(2) 应尽可能合理地采取各种措施使应急工作人员接受的辐射剂量保持在职业照射最大单一年份剂量限值（50 mSv）以下；

(3) 应尽一切可能避免因接受应急照射而发生严重的确定性效应。

7.6.2　应急响应人员个人防护的经验反馈

(1) 充分了解拟参加的应急行动特点和面临的危险，以及应采取的个人防护措施；

(2) 佩带热释放个人剂量计(TLD)及自读式个人剂量计,并知道如何正确使用;

(3) 知道如何合理使用合适的安全或防护设备;

(4) 尽量不在≥1 mSv/h 的工作场所长时间停留,进入＞10 mSv/h 区域要特别小心,只有在经过相关的辐射防护与评价人员批准,才可进入＞10 mSv/h 的区域工作;

(5) 应采取各种措施使应急照射达到合理可行尽量低;

(6) 不冒不必要的风险,不在任何污染区进食、饮水或吸烟;

(7) 知道应用距离、时间、屏蔽来防护自己;

(8) 进入高剂量区应与辐射防护和应急专业组的有关负责人一起预先制定计划,遇到问题要及时向本专业组长或辐射防护组长求援;

(9) 必须在照射前 6 h 或照射时刻服用稳定碘,在受照 12 h 后服用稳定碘已起不到预防作用;

(10) 在高污染区工作要穿戴防护衣具,防止皮肤严重污染或受照。

7.7 非应急人员的防护措施

场内非应急人员的防护行动通常情况下涉及的人员较多,因此,在应急状态下组织有序的非应急人员的防护行动就显得尤为重要。作为非应急人员,应仔细听广播,根据广播的内容识别核电厂进入了哪一等级的应急状态,根据广播的要求执行应急防护行动。同时服从相关应急人员的指挥和安排。预计执行的非应急人员的防护行动为:集合清点、暂时隐蔽在场区建筑物内、撤离事故场所、服用稳定性碘片、撤离场区。

7.7.1 集合清点

集合清点时应立即停止各自的工作,并且确保所在的工作场所处于安全状态;安全地离开工作场所到就近的应急集合点集合,并听从集合点协调员的指令和安排。清点结束后不能随意离开所在集合点,并等待下一步的指令。

7.7.2 隐蔽

隐蔽是让人们停留在房屋内,关闭门窗,关闭通风系统,再采取简易必要的个人防护措施,如用毛巾、口罩、衣服或其他物品捂住嘴和鼻孔。

7.7.3 撤离前的准备

跟随应急集合点协调员到指定的位置候车撤离前,配合辐射防护人员进行污染的监测。如果已经被污染,应该在辐射防护人员的指导和帮助下立即进行洗消。

7.7.4 服碘片

服用稳定性碘片,可以阻断人体对放射性碘-131 的吸收,其原理是让稳定性碘在甲状腺中呈饱和状态,则放射性碘就不能为甲状腺所吸收,从而排出体外。

碘化钾胶囊每粒 130 mg,含有效碘 100 mg,成人一次服用一粒,儿童一次服用含碘 10～50 mg 为宜。对撤离的人员,服用一次可有效预防 12 h,因此口服一粒即可;对于反复进入污染区执行任务者，需每日服200 mg、分两次服或一次服用均可，不超过两周。碘化钾毒性很小，但长期及大量服用，可出现呕吐、上腹痛等症状，可使心脏病、肾脏病及肺结核加重。儿童及婴儿比成人敏感，应严格控制。

7.7.5　非应急人员个人防护的经验反馈

通过已进行的综合应急演习、各类单项演习及平时的应急准备工作，发现实际应急时需要注意的一些问题，下面简单介绍一下这些问题的经验反馈，以避免在实际应急时出现这些问题。

在实际应急时，对于非应急人员需做到以下几点：

(1) 听到应急通知或报警，不要慌张，更不能盲目行动，要保持镇定，正确识别应急警报及应急通知的内容与要求，按通知要求行动；

(2) 服从指挥，不信谣言、不传谣言；

(3) 如正在从事那些危及核电厂安全或可能影响他人人身安全的工作(如换料工作、吊车工作)，应妥善处理好正在做的工作，并确保不会危及核电厂安全或影响他人人身安全后，再按应急警报、应急通知要求行动(若持续时间较长应主动向各自的领导或已在办公室的同事报告自己所处的位置及联系电话号码)；

(4) 不准进入受事故影响区域和各应急设施；

(5) 不得私自拨打应急电话和向应急人员询问事故情况；

(6) 不得私自向外传播任何有关事故信息；

(7) 在集合、清点、服用碘片、隐蔽和撤离过程中，保持良好秩序，保持安静，听从指挥，积极配合，不得擅自离开队伍；

(8) 已到集合点的知情人员应主动协助通报未到人员的去向；

(9) 进入场区应急状态后注意个人防护，隐蔽时应尽量远离通风口；撤离前要关好门窗、水电等，并切断危险源；

(10) 进入应急状态后应立即关闭门窗和通风；应急状态终止后立即打开门窗和通风；

(11) 如有外来办事或参观人员，接洽人应负责其采取必要的防护行动。

7.8　场内人员撤离

7.8.1　应急撤离的条件

根据不同的事故状态、后果和影响范围，对部分或全部场内非必需人员实施不同的撤离措施：

(1) 当出现“厂房应急”时，将核电厂局部地区的非应急人员由受影响区域撤出，或直接撤出厂区，或暂时撤至基本不受事故影响的其他工厂建筑物内。

(2) 当出现“场区应急”或“场外应急”时，场内全部非应急人员被撤离到距厂址一定距离的生活区域，也叫“应急撤离”。

“场内非应急人员”是指：场内无应急任务的核电厂职工、承包商(外来施工协作人员，包括核电厂扩建机组的承包商)、临时工、参观者以及没有应急任务的消防、武警战士。

7.8.2 应急撤离的启动

7.8.2.1 应急撤离的通知

核电机组当班值长及应急通知员分别通过生产扩音、警报系统及场区应急广播系统通知非应急人员集合撤离。

7.8.2.2 应急撤离时的清点

撤离人员接到撤离命令，并到达集合点后，撤离人员以部门为单位，清点在场内的人数，并向应急指挥部报告，如有人员失踪应立即请求人员查找。

7.8.2.3 场内人员应急集合

接到撤离命令后，所有非应急人员应迅速切断水电，带上实物保护系统出入磁卡，关闭门窗，以班组为单位，有组织地到就近的应急集合点集合。在向应急集合点转移时，应尽可能采取个人防护措施。

场区应急集合点是由各核电厂结合各自的特点设定的。举例如下：秦山核电厂的场区应急集合点，如图 7-8-1 所示；秦山第二核电厂的场区应急集合点，如图 7-8-2 所示；秦山第三核电厂场区应急集合点，如图 7-8-3 所示；田湾核电厂的场区应急集合点，如表 7-8-1 所列。

核电厂承包商人员到就近的应急集合点集合、撤离，并及时报告你单位目前所在的集合位置。

表 7-8-1 田湾核电厂场区应急集合点

集合点编号	位 置	所集合的人员
1#	1 号机组核服务厂房（11UKC）主卫生站进入 04 米走廊	1 号机组核岛建筑物内非应急人员
2#	2 号机组核服务厂房（21UKC）主卫生站进入 04 米走廊	2 号机组核岛建筑物内非应急人员
3#	运行服务楼（91UYA）	保护区围墙内的除核岛厂房外的其他建筑物（包括常规岛）内的非应急人员
4#	BOP 北区仪、电检修车间（01UST）	控制区围墙内的整个 BOP 北区非应急人员
5#	综合办公楼（01UYC）	控制区围墙内的整个 BOP 南区非应急人员
6#	会展中心（01UYG）	警戒区围墙内会展中心（01UYG）、警卫营房（02UZU）、车队等附近区域的非应急人员
7#	淡水厂办公楼[1)]	核电厂淡水厂非应急人员
临 1#	仓储区办公楼	核电厂仓储区非应急人员
临 2#	老工程指挥部楼	老工程指挥部内的非应急人员

注：1) 本表不包括有关承包商《应急预案》中所规定的集合点。

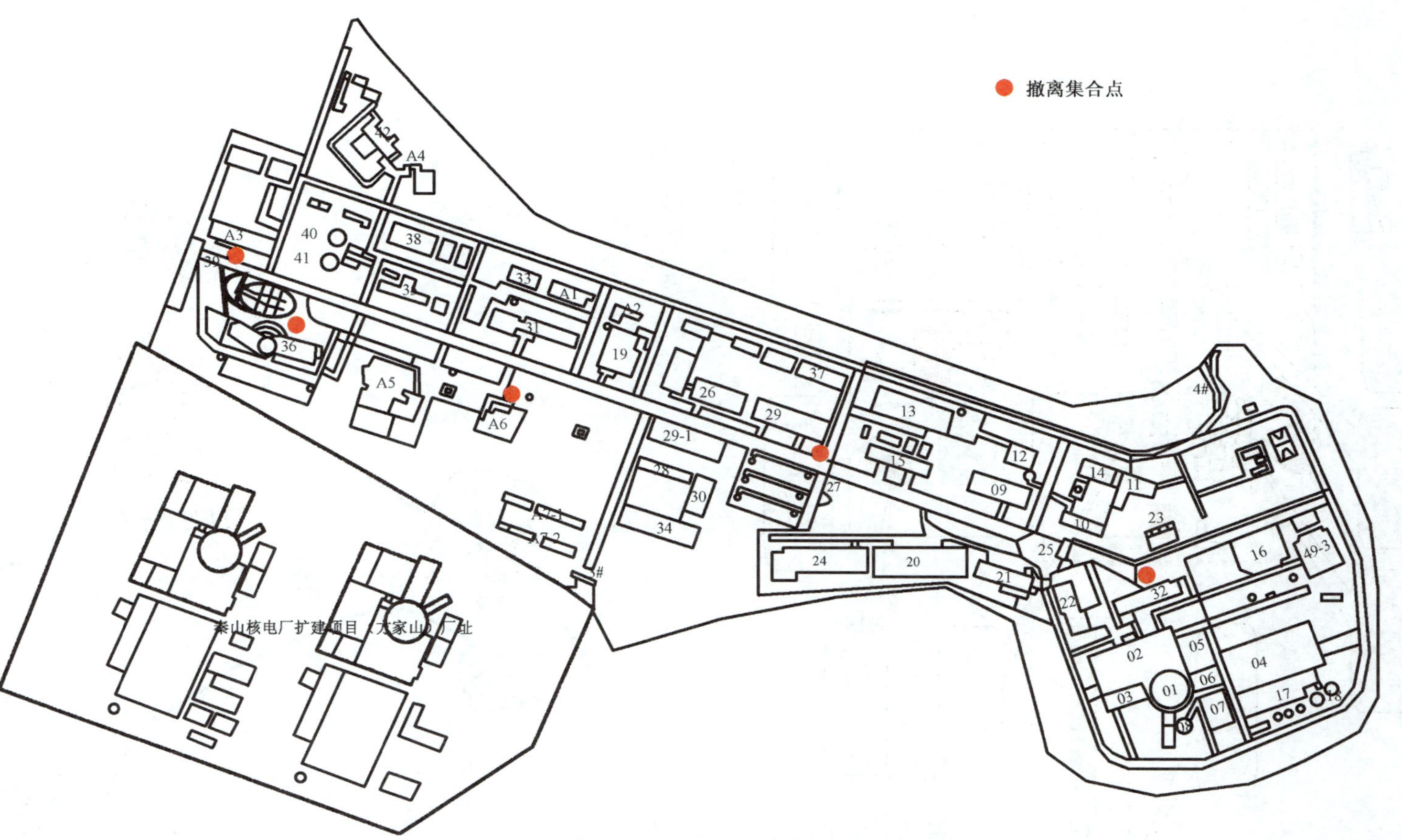

图 7-8-1　秦山核电厂场区应急集合点分布图

01—反应堆；02——回路辅助系统厂房；03—燃料贮存房；04—汽轮发电机厂房；05—主控制楼；06—主蒸汽管廊；07—应急柴油机发电厂房；08—换料水箱；09—冷冻站；10—空压站；11—电仪楼；12—供热站；13—机修车间；14—电气修理车间；15—锻压热处理车间；16—GIS 开关站；17—化水处理车间；18—水箱；19—食堂；20—检修热车间；21—中低放废物库；22—固化厂房；23—消防水泵房；24—固化物库；25—保护区门卫；26—综合仓库；27—控制区门卫；28—办公楼；29—材料仓库；30—机械队；31—办公楼；32—卫生出入；33—技安楼；34—车间；35—二级泵房；36—文档大楼；37—车库；38—生活水清水池；39—管理区门卫；40—澄清池；41—澄清池；42—泵房；29-1—设备仓库；49-3—循环水泵房；A1—应急控制中心；A2—柴油机房；A3—办公楼；A4—气象站；A5—培训中心；A6—展览中心；A7-1—汽车库；A7-2—汽车库。

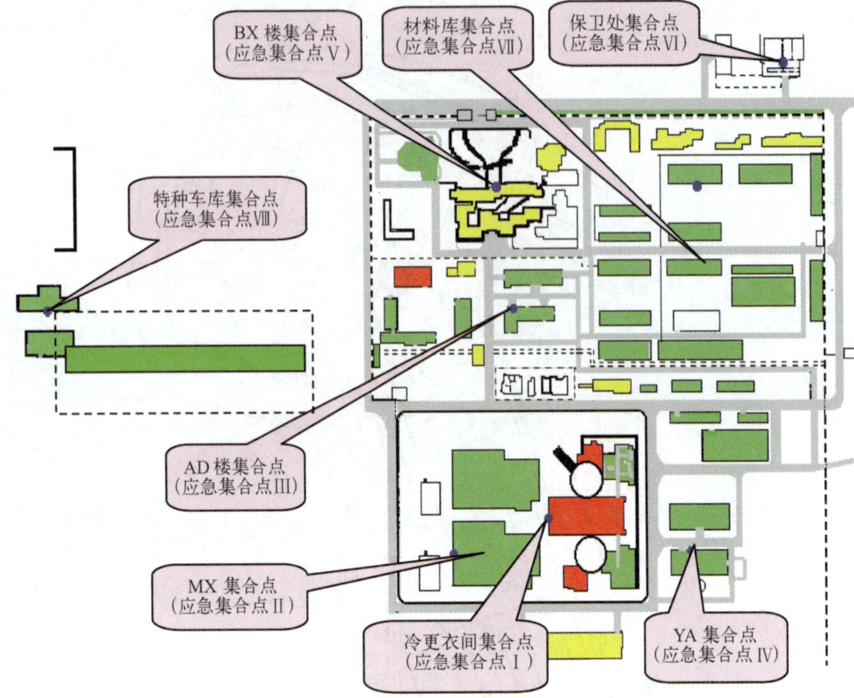

图 7-8-2　秦山第二核电厂场区应急集合点分布图

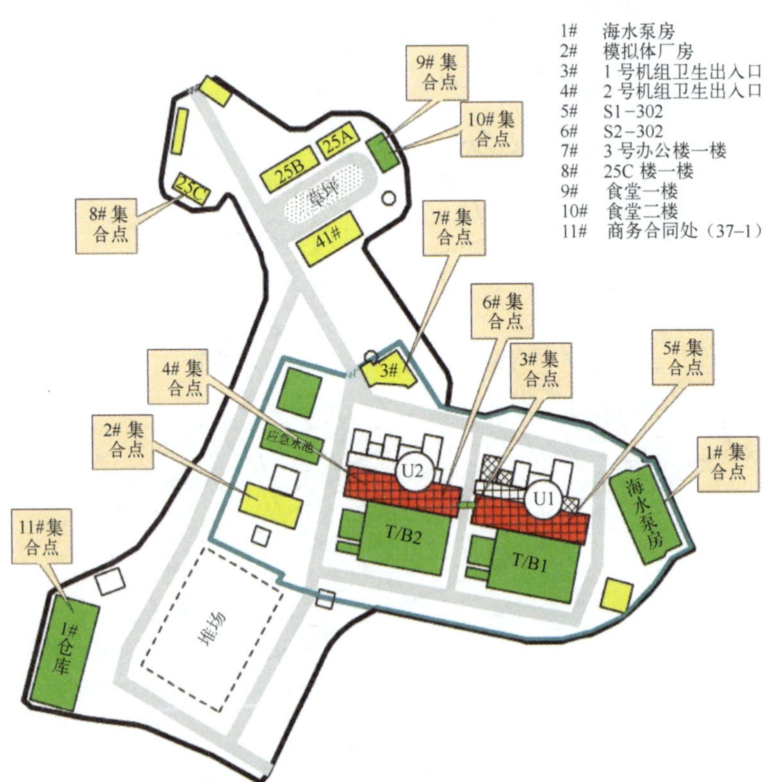

图 7-8-3　秦山第三核电厂场区应急集合点分布图

7.8.2.4　撤离的路线

在应急总指挥发出命令后，所有非应急行动所必需的人员，按规定的路线有序地进行撤离。在核电厂的应急计划中均有两条以上可供应急撤离的路线，例如：秦山核电基地的核电厂以场区向海盐县武原镇生活区撤离的路线有三条公路可供选择，如图 7-8-4 所示。

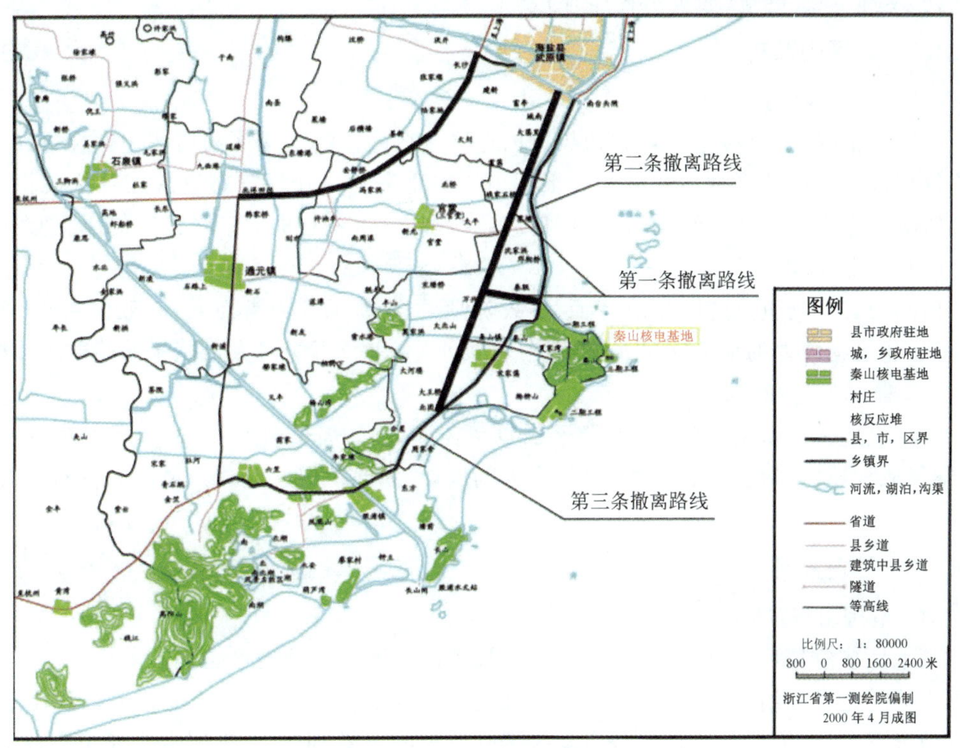

图 7-8-4　秦山核电基地应急撤离路线图

(1) 出场区经沪杭公路和秦山大道至生活区；

(2) 出场区经沪杭公路至生活区；

(3) 出场区经六里通大和于城至生活区。

田湾核电厂从场区向墟沟等居住地撤离的路线有两条公路可供选择，即①出场区经高公岛和连云港至墟沟(核电北路)；②出场区经大板桥闸和平山至墟沟(核电南路)。

7.9　应急监测和事故后果评价

7.9.1　应急监测

7.9.1.1　应急监测的目的

应急监测的目的主要有：

(1) 为事故分级提供信息，为决策者在需要采取防护行动和根据操作干预水平(OILs)

进行干预方面提供帮助；

(2) 及时提供有关辐射后果方面的数据，确定事故影响的地域范围和时间长短，校核模式评价结果，为防止污染扩大提供支持；

(3) 为保护应急工作人员提供信息；

(4) 提供有关危害的物理和化学特征的细节；

(5) 验证补救措施(如去污程序)的效能。

7.9.1.2 场区内监测

(1) 范围与启动

在应急情况下，对核电厂场区边界以内地区进行的监测叫场区内监测，其主要目的是快速提供事故在厂区范围内所造成的后果大小的实测资料。凡是宣布进入应急待命状态时，应急监测组也进入待命；而宣布进入厂房应急状态之后，就立即启动场区内的应急监测。

(2) 监测内容

监测内容及其重点应随事故特征、事故阶段、气象状况等因素而异，一般包括：空气中 γ 剂量率、建筑物内外的地面污染水平、空气污染水平，以及可能对人员产生的照射水平等。

(3) 监测设施和设备

监测设施和设备主要包括：固定 γ 剂量率监测站，γ 剂量率监测仪，β、γ 表面污染监测仪，空气取样器(气溶胶、碘)及测量仪，个人剂量计，为保护应急监测人员所必备的个人防护器具等。

7.9.1.3 环境监测

(1) 范围与启动

核电厂应急环境监测范围，重点是厂址周围的地区。场外地区也设有若干监测点，这些监测点尽量与场外组织的监测点一致，以便与场外应急组织的监测结果相衔接和比较。在特殊情况下，出于追踪事故后果或者支援场外监测的需要，也可以根据需要或相关协议适当扩大环境监测的范围。

凡是宣布进入厂房应急以上应急状态时，就应按有关程序的要求适度地启动环境监测。

(2) 监测内容

虽然每次环境监测内容及其重点要随事故特征、事故阶段以及环境状况的不同可能有所不同，但总的来讲，在事故早期，环境监测的重点在于尽可能地获得以下数据：

1) 烟羽特征：烟羽走向以及辐射水平明显升高的地域范围，可能时还包括对烟羽中气载放射性水平及核素组成的测量；

2) 地面上辐射水平：包括外照射水平和空气污染水平以及地面沉积污染水平。在事故中、后期，烟羽释放已基本停止，此时环境监测任务主要是在早期已获得的监测数据的基础上，从以下两个方面进行延伸监测：

① 开展对上述地面上辐射水平、地表沉积污染水平及其核素组成的监测；

② 开展对食物链污染水平的监测。

对于中、后期监测，除了早期监测中重点注意的碘核素以外，特别注意对铯和锶等较长寿命核素的监测。

(3) 监测设施和设备

监测的主要设施和设备包括:环境监测楼、环境监测车、固定环境 γ 辐射监测站、可携 γ 剂量率仪和污染检查仪、就地 γ 谱仪、热释光测量系统、空气取样与测量设备、个人防护用仪器与设备等。

(4) 应急巡测路线

1) 陆上应急巡测路线,根据核电厂的厂址地理环境情况确定多条巡测路线;

2) 海上巡测:在正常运行情况下,主要用于常规巡测液体排放对海洋环境的影响。但在应急情况下,监测重点应转向烟羽释放(特别是风向偏向海面时)在核电厂附近海面区域造成的 γ 外照射剂量率和空气中放射性物质浓度以及海面上风速和海水流速测量等。按照程序要求派出海上监测小组获取必要数据,作为采取海上撤离和封锁措施的依据的一部分。更大范围的海上监测,特别是海上撤离和海上封锁(海面管制)的任务,将主要由核电厂所在地的省核事故应急协调委员会负责协调实施。

(5) 热释光剂量计(TLD)布点

根据基本均匀布点,但近密远疏、方位交错以及重点注意居民点和交通要道等原则布点,在正常情况下,一个季度回收测量一次。在应急情况下,可及时取回 TLD 剂量计进行测定,以确定事故发生后它们所测量到的累积 γ 剂量及其地区分布,同时布放新的一批 TLD 剂量计,以便监测下一阶段的累积剂量及其分布。

7.9.1.4 应急监测人员的经验反馈

由于在应急情况下有可能遇到很高的剂量水平,因此核电厂所有场内、场外应急监测人员在完成应急监测任务过程中均需注意下列情况:

(1) 充分了解自己可能遇到的危险和应当采取的防护行动;

(2) 在没有配置适当的安全装备的情况下,决不轻易开始现场监测活动;

(3) 能正确使用相关的安全和测量设备;

(4) 完成应急任务所可能受到的照射保持在尽可能低的水平;

(5) 不能在剂量率水平达到或超过 1 mSv/h 的区域内无端滞留和拖延;

(6) 在开始进入剂量率水平超过 10 mSv/h 的区域时,必须非常小心;

(7) 除非接到有关应急指挥部的专门指令,否则不能进入剂量率可能超过 100 mSv/h 的区域,进入前必须与安全监督人员共同做好事先计划;

(8) 测量过程中,应尽量利用"时间、距离、屏蔽"三个因子以及个人防护用具来保护自己;

(9) 不冒不必要的危险,禁止在污染区域内饮水、进食或吸烟;

(10) 遇到可疑或不确定情况时,及时向组长或协调方请示。

应急监测和评价组必须与现场监测人员保持充分的接触,提供必要的监督和指令,以保证他们所受到的照射不会超过应急照射控制水平,并实现尽可能低的水平。

7.9.2 应急响应行动中的事故后果评价

7.9.2.1 事故后果评价的目的与主要工作内容

(1) 目的

事故后果评价的目的是为公众和核电厂工作人员的应急防护决策和减缓事故后果提供

依据，具体包括：

1）了解已经或即将发生的事故规模和种类；

2）计算、预测或评估事故后果；

3）提供有关及时实施防护措施及合理决策所需求的信息；

4）为避免、防止或减轻事故辐射后果的决策提供技术依据。

（2）主要工作内容

事故后果评价主要工作内容：事故状态与堆芯损坏的评价；核电站工作场所、安全壳、场内和场外辐射水平的监测；事故后果预测与评价。

举例：1）田湾核电厂的事故后果评价的框图，如图 7-9-1 所示。

2）秦山核电基地的事故后果评价系统结构示意图，如图 7-9-2 所示。

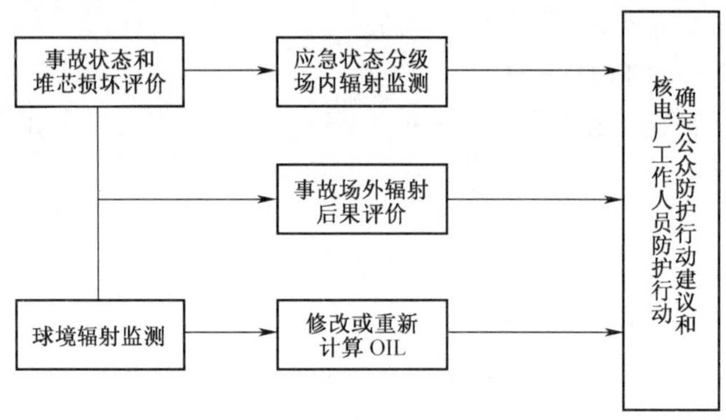

图 7-9-1　田湾核电厂事故后果评价框图

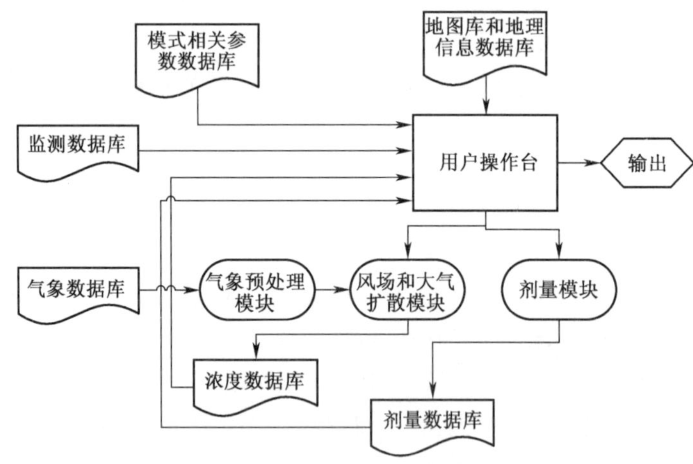

图 7-9-2　秦山核电基地的事故后果评价系统结构示意图

7.9.2.2　应急响应行动中的事故状态与堆芯损伤评价

（1）事故状态评价

核电厂发生事故后，主控制室操纵人员利用核电厂反应堆装置监测、控制与诊断系统和事故后监测系统，监测与获取核电厂反应堆运行和事故状态的数据，进而实施反应堆运行、事故状态的诊断和评价的功能。

事故状态的监测和诊断重点是对核电厂三道屏障（即燃料包壳、一回路边界和安全壳）状态的监测和诊断。例如可以监测以下五类事故：

A 类参数——包含的信息使操纵人员通过特定措施（手动控制）、不是由自动控制而仍需由安全系统来实现它们在事故中和事故后的功能。

B 类参数——提供实现下列安全功能的信息：

1）反应性控制；

2）保证活性区冷却；

3）保证一回路载热剂系统完整性；

4）保证安全壳完整性。

以上参数使操纵人员可评价核电厂的安全状态，并确定为减轻事故后果的防护行动的有效性。

C 类参数——提供在放射性释放途径上下列屏障可能的或实际的损坏信息：

1）燃料元件包壳；

2）反应堆载热剂压力边界；

3）安全壳。

D 类参数——提供关于安全系统和安全相关系统运行的详细信息，并向操纵人员提供有关减少事故后果而采用这些系统的有用指导。

E 类参数——提供有关放射性排放量和对这种排放做出连续评价的信息。

（2）堆芯损伤评价

对反应堆堆芯损坏的状态进行持续评价是项重要工作任务，是应急防护决策的重要技术依据。在堆芯损伤评价的基础上，估计事故放射性源项。

堆芯损伤评价的方法有：

1）基于堆芯裸露时间的长度

当一回路系统的温度大于饱和温度时表明堆芯中的水正在沸腾。欠热度裕量（冷却裕量）可以用给定的一回路系统相应压力下的饱和温度减去冷却剂温度来近似。对于压水堆，负的欠热度裕量表明压力壳中的水正在沸腾和堆芯可能裸露。

堆芯裸露时间的数据来源是：负欠热度裕量和堆芯水位下降的趋势，水位在堆芯活性区燃料顶部或低于顶部的指示，辐射水平明显增加。

2）基于安全壳辐射水平

利用国际原子能机构给出的压水堆事故时辐射水平与堆芯损伤程度的关系公式，可以依据事故条件下测量的安全壳辐射水平估计堆芯损伤的程度。但应指出：安全壳辐射监测器仅指示堆芯损伤的最低程度，实际的安全壳辐射监测器可能提供不一致的读数或者可能低估堆芯损伤的程度，因为来自堆芯的放射性释放可能旁路安全壳，可能滞留在一回路，在较长的时间内释放，在安全壳的大气中还可能存在不均匀的混合或者不同于假定中的混合等状况。

3）基于冷却剂放射性活度浓度

当基于上述 1）和 2）方法评价堆芯损伤没有确定结果时，可采用堆芯冷却剂中放射性活度浓度来估计堆芯损伤。在应急计划执行程序中列出了冷却剂放射性浓度与堆芯损伤的关系表。应当考虑到在事故时可能根本没有任何冷却剂被取样(如:经取样管无流量),取样和分析样品可能需要几个小时和该样品可能不代表一回路的放射性浓度。如果取样可能造成高的个人剂量的话,则不应对冷却剂进行取样。

7.9.2.3 事故场外辐射后果预测

事故场外辐射后果预测包括:估算事故放射性源项,估算放射性在环境介质(大气、水)中的弥散,预测事故剂量。

(1) 事故源项估计

在严重事故期间,可有多种方法估计源项,但在事故早期,以基于主控制室提供的核电厂工况参数评价堆芯损伤的程度和依据安全壳的状态估计事故源项为主。在放射性释放后的事故中、后期,事故源项估计以环境辐射监测的结果为主。

如果气态、液态排出物有可获得的在线监测资料,则应利用排出物的监测结果估计源项。

在缺少依据核电厂工况的估计源项和缺少排出物监测资料的情况下,也可参考本核电厂最终安全分析报告(FSAR)和概率安全评价(PSA)的研究成果。

(2) 在事故期间结合核电厂工况计算源项

1) 估计堆芯中裂变产物的存量;

2) 估计对正常冷却剂、出现尖锋效应的冷却剂、间隙释放或堆芯熔化由堆芯释放裂变产物存量的份额;

3) 估计从堆芯释出的裂变产物在向环境释放途中被去除的份额;

4) 估计可能实际释放到环境的裂变产物存量的份额。

复习思考题

1. 请简述核电厂的应急组织的组成。
2. 请简述各应急状态下的报警信号和报警设施。
3. 如果你是应急人员,在突发的场区应急状态下,简述当你收到应急通知后的主要响应。
4. 如果你是非应急人员,在各种应急状态下,简述你的主要响应。
5. 简述服用碘片的防护作用原理和服用注意事项。
6. 简述应急监测和事故后果评价的目的。
7. 简述事故后果评价的主要工作内容。

第八章　核应急的干预原则与干预水平

8.1　基本概念

由辐射照射引起的健康效应有两大类：确定性效应和随机性效应。

确定性效应的特点是在受照后很快出现，所受的剂量越高，其严重程度越大，并且有一个有效的剂量阈值，低于该阈值，确定性效应不会发生。

随机性效应一般包括有范围宽广的癌症和遗传效应，这些效应要在初次受照之后许多年才可能发生。与确定性效应形成对照，随机性效应假定不存在低于它时就不会引起效应的剂量阈值，随机性效应不会只发生于一个受照者；但在受照者本人或其顺序几代子孙中发生这些效应中的一种的概率将随所受剂量的增加而增加。

8.2　核应急的干预原则

实施防护措施的决策不应该轻率地做出，因为所有这样的措施限制了人们行动或选择的自由，把费用加给社会，并可能对某些人引起直接损害和人员分离。适于保护公众成员的干预决策基于以下 3 条基本原则：

(1) 应尽所有可能的努力来防止严重的确定性健康效应。如果所有公众成员的剂量保持低于确定性效应的阈值以下，就可以防止严重的确定性效应。由于剂量预测会有某种不确定度，因此防止这些效应的行动将在低于阈值以下采取。

(2) 干预应是正当的，在此意义上说，引入防护措施应使所获得的利益大于其有害方面。当采取行动并有益时，干预便是正当的。由于对某些防护措施而言，干预的损失可能超过了避免照射所得的利益，所以仔细考虑干预的利益和代价是重要的。

(3) 应对引入干预和后来撤销干预所依据的水平进行最优化，以便使防护措施产生最大的净利益。当某一防护措施的净利益可达到最大时，干预便是优化的。可以选择某种防护行动的干预水平，如果高于干预水平，通常采取行动；而低于干预水平，通常不采取行动。各防护行动的干预水平值应该按能产生最大净利益的方法来选择。

8.3　干预水平与行动水平

8.3.1　紧急防护行动的通用优化干预水平

紧急防护行动的通用优化干预水平如表 8-3-1 所示。

表 8-3-1 紧急防护行动的通用优化干预水平

防护行动	适宜的持续时间/d	干预水平1)(可防止剂量)
隐　蔽	<2	10 mSv
撤　离	<7	50 mSv
碘防护	—	100 mGy2)

注:1) 适当选择的受照人群的辐射剂量平均值。
　2) 甲状腺的可防止剂量。

8.3.2 临时避迁和永久再定居的通用优化干预水平

临时避迁和永久再定居的通用优化干预水平如表 8-3-2 所示。

表 8-3-2 临时避迁和永久再定居的通用优化干预水平

防护行动	适宜的持续时间/a	干预水平1)(可防止剂量)
临时避迁	<1	第一个月 30 mSv 随后的每一个月 10 mSv
永久再定居	永久	终身2) 1 Sv

注:1) 受避迁影响人群的辐射剂量平均值。
　2) 为了保护最敏感的居民组(儿童),通常为 70 a。

8.3.3 食品通用行动水平

食品通用行动水平如表 8-3-3 所列。

表 8-3-3 食品通用行动水平

放射性核素	一般食品/(kBq/kg)	牛奶、婴儿食品饮水/(kBq/kg)
^{134}Cs,^{137}Cs,^{103}Ru,^{106}Ru,^{89}Sr	1	1
^{131}I	0.1	0.1
^{90}Sr	0.1	0.1
^{241}Am,^{238}Pu,^{239}Pu	0.001	0.001

注:1) 表中建议的数值用于容易得到替代食品的地方,缺少食品的地方可采用较高的行动水平。
　2) 不同核素组的准则应独立地应用于每组中放射性核素的总活度。
　3) 少量消费的食品(例如每人每年少于 10 kg 的香料调味品),因对个人产生的附加照射很少,可以采用比主要食品的行动水平高 10 倍的行动水平。

8.3.4 任何情况下预期均应进行干预的急性照射剂量行动水平

任何情况下预期均应进行干预的急性照射剂量行动水平如表 8-3-4 所示。

表 8-3-4 应急照射剂量行动水平

器官或组织	器官或组织 2 天内的预计吸收剂量/Gy	器官或组织	器官或组织 2 天内的预计吸收剂量/Gy
全身(骨髓)	1	甲状腺	5
肺	6	眼晶体	2
皮 肤	3	性 腺	3

注:在考虑紧急防护行动的实际行动水平的正当性和最优化时,应考虑当胎儿在 2 天时间内受到大于约 0.1 Gy 的剂量时产生确定性效应的可能性。

8.3.5 应急响应人员的剂量控制水平

对应急响应人员的剂量控制水平如表 8-3-5 所示。

表 8-3-5 应急响应人员的剂量控制水平

响应行动类别	应急任务	剂量控制水平/mSv
1	为抢救生命的行动	>500
2	可能的抢救生命的行动	500
3	防止演变成灾难性情况的行动	500
4	防止严重损伤的行动	100
5	避免出现大的集体剂量的行动	100
6	其他应急响应行动	50
7	恢复工作	单一年份,50

8.3.6 操作干预水平(OIL)

操作干预水平(OIL)如表 8-3-6 所示。

表 8-3-6 操作干预水平(OIL)

序号	定义	操作干预水平(缺省值)/(mSv/h)	推荐防护行动	假设条件
OIL1	烟羽环境剂量率(距地面约 1 m 高处)	1	撤离	堆芯熔化事故后泄漏的放射性物质导致的吸入剂量是外照射剂量的 10 倍,烟羽照射 4 h
OIL2	烟羽环境剂量率(距地面约 1 m 高处)	0.1	服用碘片和临时隐蔽	堆芯熔化事故后泄漏的放射性物质导致的吸入甲状腺剂量是外照射剂量的 200 倍,烟羽照射 4 h
OIL3	地面沉积环境剂量率(距地面约 1 m 高处)	1	撤离	照射时间一周,由核素衰减和屏蔽等因素可使剂量减少 75%

注:表中所列出的 OIL 缺省值,引自 IAEA-TECDOC-955 中对一般 PWR 核电厂给出的值。

8.4 照射途径和防护措施

如果发生事故，就需要采取防护措施来保护公众。公众受到的照射可能来自各种不同途径:外照射是由烟羽中的气载放射性核素、烟羽沉积到地面上的放射性核素，以及沉积在人们衣服和皮肤上的放射性核素产生的;内照射是随着吸入烟羽中的或受污染地面再悬浮的放射性物质以及食入受污染的食物和水而产生的。应急响应时，应考虑到每种可能的途径。

各种防护措施本身可能存在的风险、困难以及费用差异很大，它取决于包括场址位置和事故时的气象条件在内的许多因素。在这里只列举以下几种主要的防护措施:隐蔽、服用稳定碘、撤离、避迁和食物控制。

(1) 隐蔽、服用稳定碘和撤离，加上对食物的初始预防性限制(如简单易行的一些措施)是事故早期采用的主要防护措施。为了保护公众免受气载烟的吸入和直接照射，以及免受沉积于地面的放射性物质的照射，应紧急地采取这些措施。

(2) 避迁和去污是在较长的时期内，为保护公众免受沉积放射性物质的外照射和防止吸入任何再悬浮的放射性微粒物质而采用的主要措施。在事故早期，当人们开始隐蔽或撤离时，如有可能最好适当地使用简单的临时性呼吸道和个人防护措施;控制进出事故区域的通道一般作为完成一种主要防护措施的一部分而被引入，而不分开加以讨论。如果发生传播较广的污染，对食品消费和食品交易进行长期限制的问题是很复杂的，可以有各种不同的办法。

(3) 由食入途径的照射，通常采用食物限制可得到最有效的控制。使用稳定碘来减少由吸入放射性碘而产生的甲状腺剂量的措施一般来讲都是正当的。

(4) 隐蔽是为了使个人少吸入室外空气中的放射性物质，同时也是为了降低来自气栽放射性核素和短寿命表面沉积核素的直接照射。隐蔽要求人们留在寓所内，或其他建筑物内，关闭门窗和任何通风系统。隐蔽还可以作为便于其他防护措施(例如撤离和服用稳定碘)的执行而控制人群的一种办法。但是，人们可以合理期望隐蔽在室内的时间是有限的，一般不超过 1～2 天。在考虑将隐蔽作为一种防护行动时，应当考虑到它避免辐射剂量的有效性，因为它的实际有效性是会有很大变化的。

(5) 撤离是为了避免事故产生的短期照射而将人们从家园、工作地点或娱乐地点紧急撤离一段有限时间。如果其家园可以居住，并且不需要进行延续的清污工作的话，那么在大多数情况下，人们将在随后的短时间内(典型地为几天)允许返回他们的家园。由于人们是短期离开家园，因此通常只给他们提供诸如学校和其他公共建筑之类的临时的膳食居所。

(6) 临时性避迁和(或)永久性再定居是用来控制公众受照的两个更加极端的措施。临时性避迁是指人们从受事故影响的地区有组织、慎重地迁移出去一段较长但还是有限的时间(典型为几个月)，主要为防止沉积于地面的放射性物质和吸入任何再悬浮放射性微粒物质所产生的照射。在此期间，人们一般居住在临时性的生活条件下。永久性再定居是指人们从事故影响地区慎重地彻底搬迁出来，并计划再不返回。永久性再定居，一般均需要建造远离污染区的新居所和基础设施。

临时性避迁不应与撤离相混淆，撤离是指为了防止或降低气载烟羽或沉积的放射性物质的照射，人们从某一地区紧急撤走，紧急撤离后的膳食居所应是所在地的社区中心。假如临时性避迁是不值得的话，人们将在相对短的时间（典型地为几天）内返回到原来地区。临时性避迁可以作为撤离的一种延伸来执行，或者可以在事故后期阶段执行。在临时性避迁期间，应该考虑对土地和物品的去污。

复习思考题

1. 请简述辐射照射引起的两类健康效应。
2. 请简述核应急干预的原则。
3. 请简述紧急防护行动的通用优化干预水平。
4. 应急响应人员在不同类别响应行动中的剂量控制水平是多少。
5. 简述外照射和内照射的差别。
6. 简述隐蔽、服用稳定碘、撤离和食物控制这几种防护措施的主要防护作用。

第九章　应急响应能力的保持

9.1　应急培训

9.1.1　应急培训的基本要求

9.1.1.1　应急培训的目的

应急培训的目的在于使应急响应期间承担应急响应任务的场内应急响应人员正确而有效地履行职责，完成应急响应任务；非应急响应人员能正确理解应急计划要求，有效地执行应急防护行动。

9.1.1.2　应急培训对象分类

应急培训对象是核电厂所有工作人员，分为非应急人员（一级）和应急人员（二级）。应急人员是指应急响应期间承担应急响应任务的人员；非应急人员是指不承担应急响应任务的人员，即除了应急人员以外的其他所有工作人员，包括核电厂现场承包商人员。

9.1.2　应急培训的实施

核电厂营运单位所有可能承担应急响应任务的人员（包括应急指挥人员），在核电厂首次装料前接受一次与其将要承担的应急响应任务相适应的初始培训，在核电厂运行寿期内每年至少接受一次培训或再培训。非应急人员每两年接受一次培训或再培训。

培训结束时应进行适当形式的考核，以检验受训者对培训内容的接受与掌握程度是否达到所要求的标准。

9.2　应急演习

9.2.1　应急演习的目的

核事故发生概率虽然很低，但事故应急准备却必须常备不懈。应急演习就是检验应急准备状况的主要手段之一。核事故应急演习的具体目的是：

（1）检验应急计划的各有关部分或整个应急计划是否有效实施，即检验其可操作性及对各种紧急情况的适用性。

（2）检验各级应急组织是否健全。应急人员对各自职责是否熟悉，在紧急情况下能否正确响应。检验各级应急组织的应急响应行动是否协调，验证应急指挥的有效性，各应急组织间的协调与配合。

（3）验证各应急设施、设备及仪表等的有效性和充分性。

通过演习，找出上述各方面的不足，经分析论证，明确原因加以改进，并对应急计划、应急执行程序进行适应性修改同时完善应急准备状况。

9.2.2　应急演习的分类

应急计划涉及营运单位、地方政府及中央政府诸多组织，核事故应急响应过程可能相当复杂，因此应急演习也必然是多种多样的。应急演习通常按演习涉及范围分类：

(1) 单项演习：为检验某些应急响应基本技巧或分系统检验应急组织响应能力、应急设施和设备状况而进行的较小范围的演习。例如应急通信设施的使用、应急监测数据的收集和分析、应急指挥和通知系统的动作、消防系统演习等。

(2) 综合演习：营运单位或地方政府应急组织全面启动的应急演习，应急响应过程中会涉及启动营运单位或地方政府的绝大部分甚至全部应急组织、应急设施及设备。

营运单位综合应急演习时，场外应急组织根据情景设计予以相应配合，但一般不要求投入应急响应行动。

地方场外应急组织进行场外综合应急演习时，核电厂营运单位应急组织要相应予以配合，但一般也不必投入很多响应行动，较多的是按情景设计适时提供事故发生、发展情况及对环境影响的预测，作为场外应急行动的"输入条件"。

场外综合应急演习时，一般还会请求国家核事故应急组织给予必要的配合与指导。

(3) 联合演习：场内、外应急组织全面启动的应急演习。演习情景设计中的事故一般应达到"场外应急"状态。根据事故情景的需要陆续启动场内、外各级应急组织。联合演习主要是针对严重事故而进行的规模最大的应急演习。

综合演习和联合演习是对应急响应能力最全面的检查。联合演习需要较多人力、物力，情景设计也较为复杂。因此只有在各应急组织响应能力已经在单项演习中得到证实的基础上，才有条件进行综合演习和联合演习。

一般说来，参演人员事先是不知道演习的情景设计的。在演习过程中，参演人员可根据自己对事故或事件的判断及预测决定采取对策措施，考评员一般情况下不予干涉，基本上由参演人员独立处理全过程，通常将参演人员的这种响应方式称为"自由响应"。如果在演习过程中虽然允许参演人员根据对事故或事件的判断及预测，决定采取相应的对抗措施，但演习的组织者(或指导者)将始终对演习的总的情况加以控制，如果认为个别参演人员的反应欠妥或偏离预计演习方案太多，将进行必要的纠正，从而保证演习始终在情景设计的框架内进行，以确保演习的效果，这种响应方式即为"半自由响应"。如果要求参演人员按情景设计中规定的响应方式操作，使整个演习始终按规定程序按部就班进行，则称为"规定响应"式的演习，通常应用于观摩性的演习。

根据核安全法规的要求，国家核安全局不仅要求核电厂营运单位编制并定期修改其应急计划，而且要定期进行各种规模的应急演习，以维持足够的应急响应能力。由于这种演习是检验性的，因此参演人员的响应方式至少应是"半自由响应"，而不能是规定响应。在规定响应的应急演习中往往参演人员事先已较明确地了解了情景设计，这种演习可以起到示范作用，但一般达不到检验效果。

9.2.3 演习的基本要求

9.2.3.1 演习计划

根据核安全法规要求，国家核安全局对核电厂营运单位各类应急演习的频度提出了如下要求，如表 9-2-1 所示。

表 9-2-1 应急演习的频度

	单项演习	综合演习	联合演习
核电厂	每年至少一次，通信及数据传输演习则要更多些	每两年一次	· 首次装料前 · 运行阶段每五年一次

9.2.3.2 应急演习的项目举例

根据核安全法规的要求，结合各核电厂的具体情况，各核电厂均制定了场内应急演习的具体演习项目、演习频度和演习要点。以秦山核电厂为例，应急演习的项目和频度如表 9-2-2所列；应急演习的项目要点，如表 9-2-3 所示。秦山第三核电厂应急演习的项目和频度举例，如表 9-2-4 所列；田湾核电厂应急演习的项目和频度举例，如表 9-2-5 所列。

表 9-2-2 秦山核电厂应急演习的项目和频度举例

序号	演习项目	频度	责任单位
1	联络与通信演习	1 次/季	检修部
2	厂房内辐射探测与防护演习	1 次/年	保健物理部
3	污染监测与去污演习	1 次/年	保健物理部
4	主系统事故后取样分析演习	1 次/年	运行部
5	主冷却剂事故后取样分析演习	1 次/年	运行部
6	出入控制演习	1 次/年	保卫部
7	人员安全与救援演习	1 次/年	保健物理部
8	环境辐射监测演习	1 次/年	环境应急部
9	环境后果评价演习	1 次/年	环境应急部
10	医学救护演习	2 次/年	职工医院
11	灭火演习	2 次/年	保卫部
12	综合演习(含场内人员撤离演习)	1 次/2 年	环境应急部 保健物理部 运行部
13	联合演习	1 次/5 年	省应急办组织，电厂参加(环境应急部对口)

表 9-2-3　秦山核电厂应急演习项目要点举例

序号	演习项目	要　点
1	联络与通信演习	· MCR、TSC 与 ECC 间的通信 · MCR、TSC、ECC 与海盐县应急办、浙江省应急办、中核集团应急办、国家核安全局及其上海监督站、国家应急办间的通信
2	厂房内辐射探测与防护演习	· 通信 · 厂房内辐射探测组的启动 · 仪器、设备的操作 · 样品收集与分析 · 个人防护衣具、放射性阻断药物的使用 · 污染区出入控制与人员撤离
3	污染监测与去污演习	· 探测仪使用 · 去法与洗消 · 污染控制措施
4	主系统事故后取样分析演习	· 取样 · 制样与分析 · 个人防护
5	主冷却剂事故后取样分析演习	· 取样 · 制样与分析 · 个人防护
6	出入控制演习	· 通信联络 · 出入控制措施 · 隔离区建立、路障设置等
7	人员安全与救援演习	· 熟悉厂房 · 人员急救 · 个人辐射防护
8	环境辐射监测演习	· 通信 · 环境监测组的启动 · 早期环境监测 · 食入途径监测 · 样品采集与分析 · 数据评价
9	环境后果评价演习	· 源项估算 · 气象数据获取 · 环境监测数据获取与评估 · 剂量预估 · 厂房内有关辐射数据与环境数据的关联 · 场外辐射防护行动建议

续表

序号	演习项目	要　　点
10	医学救护演习	· 急救 · 潜在受照人员的判别 · 污染和/或严重受照人员的分类与处理 · 运送
11	灭火演习	· 火灾报警系统的使用 · 灭火器材的分布 · 厂房防火隔离措施 · 灭火器材的使用
12	场内人员撤离演习	· 集合与通知 · 场内人员清点 · 车辆准备 · 可能的人员污染监测与去污 · 可能的车辆污染监测与洗消 · 交通疏导
13	综合演习	应急计划中的全部要点

表 9-2-4　秦山第三核电厂应急演习的项目和频度举例

序号	练习或演习项目	频度	牵头单位
1	与场外应急组织的通信联络练习	1次/月	保健物理处
2	应急通知练习(应急岗位职守核查)	3次/月	保健物理处
3	应急状态等级的确定	1次/年	运行处
4	应急组织的启动和通知练习	1次/年	保健物理处
5	医学救护练习	2次/年	保健物理处
6	厂房内辐射探测与防护练习	2次/年	保健物理处
7	事故源项的估算	1次/年	保健物理处
8	重水泄漏回收练习	1次/年	保健物理处
9	化学应急	1次/年	化学处
10	场内非应急响应人员的集合、清点和撤离	1次/年	保卫处
11	应急出入控制练习	1次/年	保卫处
12	消防演习	1次/年	保卫处
13	综合演习	1次/2年	保健物理处
14	场内、场外联合演习	1次/5年	保健物理处

表 9-2-5　田湾核电厂应急演习的项目频度和举例

演习或练习类型	频　度	组织部门	备　注
通信试验	1 次/季	维修处	保健物理处协助
应急组织的启动与通知单项演习	1 次/半年	保健物理处	参演各相关处室协助
场内保安，撤离人员集合清点及撤离练习	1 次/年	保卫处	现场相关处室提供部分参演非应急人员
场内辐射监测单项演习	1 次/半年	保健物理处	辐射防护科具体负责
场外辐射监测单项演习	1 次/半年	保健物理处	环境监测科具体负责
医疗救护单项演习	1 次/年	保健物理处	职业卫生科具体负责
事故后果评价单项演习	1 次/半年	保健物理处	应急准备科具体负责
应急状态等级的确定单项演习	1 次/半年	运行处	培训中心给予协助
场外防护行动建议的单项演习	1 次/年	保健物理处	应急准备科具体负责
应急抢修单项演习	至少 1 次/2 年	维修处、仪控室	
技术支持单项演习	至少 1 次/2 年	技术支持处	核安全处、培训中心协助，演习重点是堆芯损伤评价
后勤保障单项演习	至少 1 次/2 年	行政处	采购处协助
公众信息发布单项演习	1 次/年	公司办公室	
消防演习	三级消防演习每个运行值 1 次/年，四级消防演习 1 次/3 年	保卫处	运行处协助
气象数据获取单项演习	1 次/半年	保健物理处	应急准备科具体负责
场内综合演习	1 次/2 年	保健物理处	保健物理处负责总体组织，公司办公室负责接待工作，各相关处室负责本处室的组织工作
场内、外联合演习	1 次/3 年～1 次/5 年	保健物理处	保健物理处负责总体组织，公司办公室负责接待工作，各相关处室负责本处室的组织工作

注：1) 综合演习或联合演习中演习的相应项目可等效一次单项演习。

2) 除上述演习外，可能还会进行其他一些与应急有关的演习，如大修前的演习、电厂保安事件演习、防抗台风演习、迎峰度夏演习等等。

9.2.3.3　应急演习方案

演习分类进行。对于单项演习，由于规模较小，各应急组织间接口较少，演习的组织还较简单。而对于综合演习和联合演习来说，由于事故过程、应急响应、各组织间配合与协调比较复杂，涉及的人员众多，历时一般比较长，因此，演习的组织者需根据演习计划及情景设计制定具体的演习方案。

一般说来，单项演习应尽可能采用事先不通知的方式，以真正提高应急响应本领，提高技术水平，熟练基本操作。对于综合演习和联合演习，可以采取部分事先通知的方式，例如事先通知了那一天进行演习，但不通知具体从什么时间开始，这样可以取得较好的折中效果。

（1）人员安排

无论是单项演习还是综合演习或联合演习，在制定演习方案时都要考虑到参演人员的安排。演习是对应急工作人员非常好的培训机会，因此安排参演人员时应有计划，各应急岗位都事先要有明确的递补名单，特别是应急指挥人员及主控室运行人员，要合理轮流参加演习。不能总是由一批对演习已较熟悉的人员参演，去取得当次演习的良好成绩。

没有发现任何问题、没出现任何“意外情况”的演习，未必是成功的，实际上很可能是事先已“彩排”过，其培训及检验目标反而要大打折扣了。

（2）预防风险

在演习方案中要认真防止演习可能带来的风险，主要包括如下方面：

1）演习过程中因参演人员的误操作可能造成的风险；

2）因进行演习而忽视或耽搁了对演习过程中真实发生事故的应急响应；

3）在应急响应活动中（如撤离、抢修、救护等）发生的交通事故或其他意外伤害；

4）因使用某些应急演习用品（如放射性样品、烟幕发生器，火焰发生器等）不当而带来的风险；

因此，在演习方案中，要针对各种可能的风险，做好相应预防措施，特别是在核电厂运行期间举行演习时，要对演习和运行可能产生的相互影响做特别认真的分析和周密安排。

（3）应急设施、设备、器材和物资的保障

应急准备应常备不懈，进行应急演习也是对各种应急设施、设备、器材的可用性和各种应急物资保障情况的检查。因此原则上没有必要为了演习而在事先对所需设施、设备、器材及应急物资做特殊安排。

对于事先不通知的单项演习，不应要求参演者事先做任何人力、物力方面的准备。但对于规模较大的综合演习和联合演习，通常还是要做些必要的物力方面的准备，包括通信系统、运输工具、评价系统及一些根据情景设计演习时临时需用的物品（例如放射性样品、烟雾发生器等），以保障演习的顺利进行。

9.2.3.4 演习的实施及经验反馈

演习的实施阶段是从演习正式开始至终止应急状态、宣布应急演习结束的过程。

（1）应急指挥部的统一指挥

全厂的应急响应行动由应急指挥部统一指挥。因此在整个演习过程中对应急指挥部的启动和运行要予以特别重视。事故初期，通常都是由当值的运行值长行使应急指挥职责的。当确认进入应急状态后才启动应急指挥部。运行值长在初期代行应急指挥职责时，必须及时组织相应响应行动而不能消极等待，以免贻误时机。在应急指挥部启动、应急总指挥（总经理或其替代人）到位后，要顺利实现指挥职能的转移。应急指挥要按相应应急执行程序收集相关信息、统一调动各应急组织。应急期间应急指挥的快速、有效、正确是确保全场应急响应行动成功的最关键因素。因此应急指挥部成员、特别是应急总指挥必须对各应急组织的职责、事故诊断、应急监测、环境后果评价及各种应急补救行动的可能投入方式有充分的了解。

应急总指挥还要对应急行动水平有深入的了解。在演习过程中，正确应用应急行动水平判断应进入的应急状态等级。

应急指挥部还要根据事故的进展情况适时与场外应急组织协调，包括：

1）及时、准确地向地方政府报告事故情况，并提出必要的建议；

2）向场外应急组织要求必要的支援；

3）执行向国家核安全监督部门及其地方监督站的报告制度。

（2）关键环节的控制

单项演习情节较为简单，演习过程控制也较为单纯，而综合演习和联合演习就复杂多了。因此在演习过程中总会出现一些这样那样的超出情景设计的“意外”，但只要根据演习的进展情况掌握对演习关键环节的控制，演习就不会出现很大的波折。

（3）经验反馈

根据核电厂历次的综合演习和联合演习情况来看，对以下环节应予以特别关注：

1）应急运行组、技术支援组、应急指挥间的协调。

对于以系统故障为初始事件的事故来说，这三者之间的互相支持和协调显得尤其重要。事故的发现、信息的收集、补救措施的及早引入和应急运行人员的早期正确判断直接相关。随着事故的发展，在对情况的综合分析和判断中，技术支援组的专家的意见是极为重要的，当然应急指挥部对应急运行组、技术支援组意见的综合及正确决断是采取恰当应急响应行动的关键。

2）通信及信息传输系统。

通信及信息传输系统是否充分和有效是应急演习中的重点考核内容。应急组织间多重、多样配置的通信工具、报警系统及各种信息传输手段要充分利用，以考核其有效性及可靠性。为了确保安全，在所有口头通知中都应首先强调“这是应急演习”，在所有书面传输文件中都要有醒目的“演习”字样。

3）正确执行应急报告制度。

应急响应过程中核电厂营运单位要和上级主管部门、核安全监督部门、地方政府等许多相关组织联络，不同部门要求执行的报告制度在时间、内容、格式等方面可能有些区别，最好的办法是营运单位事前编制好能满足各方面要求的通用格式，在应急响应过程中按最高要求统一报告，以免应急响应过程中因执行不同的报告制度造成混乱。

4）人员的清点、隐蔽和撤离。

在综合演习和联合演习中会涉及电厂工作人员和其他人员的清点、隐蔽及撤离。事先必须限定演习涉及的区域和人员范围，演习时发出的通知及报警信号必须明确，以防届时可能发生的混乱及影响电厂的正常运行秩序。

5）涉及公众的服碘、隐蔽及撤离行动安排尤其要慎重。事先应开展必要的科普宣传，使公众对核事故、应急响应、应急演习有正确的认识，必要时还应进行一些准备充分的单项演习。

6）联合演习中一般也不必安排人数众多的公众隐蔽、撤离活动。必要时，有代表性地选择特定区域的少量公众做相应的应急行动，是可以发现一些问题，而代价也相应较小。一旦做出公众撤离安排，则要对撤离区的交通及治安做特殊安排，以确保撤离公众的人身及财产安全。

9.2.4 演习的评价

应急演习评价的目的是为了确认演习是否达到预期目标，是否真实地检验了应急准备状况和应急响应能力。

对核电厂营运单位的综合应急演习和场内、外联合演习，国家核安全局一般都要派出评价组，事后发出评价报告。单项演习则一般由地区监督站派监督员参加演习的评价工作。

对重大演习活动，核电厂上级主管部门、国家核事故应急协调部门一般也会派员观察和指导，并给出评价意见。

9.2.4.1 情景设计的评价

评价演习情景设计的合理性，主要包括以下几点：

(1) 事故发生、发展过程是否符合核电厂机组实际情况；

(2) 所要求的启动范围(应急组织、设施、设备等)是否能满足演习目标要求；

(3) 应急状态的转变及设计中应用的“应急行动水平”是否妥当；

(4) 应急状态降级或终止条件是否合适；

(5) 要求采用的应急执行程序是否合理；

(6) 各应急行动组织间的衔接和配合要求是否明确合理。

在演习过程中，评价组成员在各岗位监督演习过程时，对参演人员的响应方式要特别仔细地观察，根据参演人员接收的信息、判断过程及响应方式，不难判断参演人员事先是否对情景设计有较多了解，而这对最后给出应急演习总评价是十分重要的。

9.2.4.2 演习过程的评价

单项演习较为简单，评价组工作也较从容，而综合演习及联合演习则较复杂，一般评价组要分成若干小组，分别跟踪各主要应急响应岗位的活动。由于应急过程中各岗位职责及工作方式特点不同，因此评价也应各有特点。以对核电厂应急中心演习过程的评价为例，至少要评价以下几点环节：

(1) 成员到位是否及时；

(2) 成员对职责是否熟悉；

(3) 信息收集是否充分；

(4) 决策是否准确、及时，决策依据是否正确；

(5) 和场内应急组织联络是否畅通；

(6) 和场外应急组织联络是否畅通；

(7) 是否正确执行了应急报告制度；

(8) 响应过程中有无发生应急设备故障；

(9) 应急中心所配备资料是否能满足要求。

演习结束后，评价组要对演习给出正式评价意见，主要包括以下意见：

(1) 演习是否符合要求，是否达到演习目标；

(2) 演习中取得的经验及暴露的问题，对应急准备、应急计划、应急执行程序的修改和完善要求；

(3) 演习中暴露的还需进一步论证或研究的问题。

9.2.5 秦山核电基地2008年的应急演习举例

2008年10月10日下午,秦山核电基地群堆联动场内综合应急演习,历时4 h。参演的单位有秦山核电有限公司、核电秦山联营有限公司、秦山第三核电有限公司、秦山核电基地应急指挥部、中核集团公司应急指挥中心、中核集团核电厂事故应急运行技术后援中心(武汉)、中核集团辐射防护应急中心(太原)、中核集团核工业辐射损伤医学应急中心(苏州)等单位。

9.2.5.1 演习目的

(1) 检验秦山核电基地各核电厂及基地"应急计划"的有效性,为"应急计划"的修改提供参考;

(2) 检验和评价秦山核电基地各电厂及基地应急响应能力及应急准备状况;

(3) 检验事故应急状态下的场内外接口;

(4) 检验秦山核电基地各电厂间及其与基地间的接口;

(5) 验证"电厂应急行动水平";

(6) 检验对突发公共事件的应急响应能力及其与核事故应急的接口;

(7) 检验秦山核电厂、秦山第二核电厂的扩建项目承包商应急响应能力及其与运行核电厂应急组织的接口。

9.2.5.2 演习目标

本次演习的目标是为了检验以下方面的应急响应能力:

(1) 各核电厂事故判断和应急状态的确定;

(2) 应急状态的报告程序;

(3) 通知与通信;

(4) 应急设施、应急设备的启用和应急人员的就位;

(5) 和核电厂有关应急响应组织、人员的响应行动;

(6) 受影响区域和厂区的出入控制;

(7) 核电厂状况评价和环境后果评价;

(8) 场内非应急人员撤离及防护行动;

(9) 对扩建项目承包商的应急通知及承包商的应急响应能力;

(10) 突发公共事件为初始事件的应急响应;

(11) 秦山核电基地各核电厂之间及其与基地应急组织的接口和联动。

9.2.5.3 演习假想事故概述

以秦山第二核电厂作为演习假想事故核电厂,假想事故的发生、进展和相应的应急响应行动的序列,简述如下:

(1) 秦山第二核电厂1号机组现场操作员在联合泵房巡检时,发现1号机组安全厂用水系统001/003PO泵和002/004PO泵出口总管上有疑似爆炸物。1号机组即采取后撤运行措施。秦山第二核电厂向相邻电厂通报了情况,可疑物品经爆破专家确认为爆炸物并开始实施排爆;

(2) 秦山第二核电厂根据"应急行动水平"进入"场区应急"状态。秦山核电厂、秦山第三核电厂依据各自的应急行动水平分别进入“应急待命”和“场区应急”；

(3) 秦山第二核电厂非应急人员撤离；

(4) 秦山核电厂由于蒸发器高高水位(SG 给水调节阀故障)触发停机，停机触发自动停堆失败，手动停堆亦未成功(卡棒引发 ATWS)，触发“应急行动水平”而进入了“场区应急”状态；

(5) 秦山核电厂(含扩建承包商)、秦山第三核电厂相继执行了非应急人员撤离；与此同时，秦山第三核电厂 1 号机组反应堆厂房 R/B-501 区域氚浓度升高，启动查漏、紧急抢修、重水回收等行动；

(6) 海盐县公安局到秦山第二核电厂开始刑事侦查；

(7) 秦山第三核电厂保护区内发生火灾，灭火过程中有人员受伤，实施医学急救；

(8) 秦山第二核电厂联合泵房爆炸物被成功拆除；

(9) 秦山第三核电厂 1 号机组反应堆厂房成功堵漏并完成重水回收，R/B-501 区域氚浓度趋于正常；

(10) 秦山第三核电厂保护区内火灾被扑灭；

(11) 秦山第二核电厂 1 号机组辅助给水系统汽动泵房和 1 号机组汽轮机厂房电气间发生爆炸，W231 房间辅助给水系统 A、B 列蒸汽发生器进水总管被炸断，1 号机组汽轮机厂房 6 kV 电气间被炸毁、起火。6 kV 交流正常配电系统 A 和 6 kV 交流正常配电系统 B 母线失电，辅助给水系统流量异常增大，两台蒸汽发生器水位持续下降。蒸汽发生器蒸干报警出现，进入 DEC 引导规程，相继执行 I1 规程(反应堆紧急停堆事故规程)、H2 规程(蒸汽发生器给水全部丧失事故规程)。出于安全考虑，开始实施 2 号机组余热排出系统投入的双相中停的后撤操作。期间 1 号机组反应堆堆芯出现汽化现象，堆芯损伤评价结果表明部分燃料组件破损；

(12) 秦山第二核电厂 1 号机组汽轮机厂房电气间火灾被扑灭；

(13) 秦山核电厂经过抢修，部分设备修复，堆芯已硼化至稳定状态，由于控制棒机械卡死，因此决定过渡至冷停堆检修；

(14) 秦山第二核电厂 1 号安全壳内放射性物质通过 20 m 设备闸门泄漏，场内辐射水平迅速升高，安全壳密封性不完整。秦山第二核电厂依据《应急行动水平》向基地应急指挥部提出“场外应急”的建议。事故后果评价结果表明下风向核电厂场区内预期全身有效剂量将大于 10 mSv。秦山核电基地应急指挥部根据电厂建议向浙江省核事故应急指挥部提出了“场外应急”的建议；

(15) 经浙江省报国家核事故应急协调委员会批准进入“场外应急”；

(16) 秦山第二核电厂成功将 1 号机组后撤至余热排出系统投入的双相中停，机组状态稳定，H2 结束。1 小时后，2 号机组降至余热排出系统投入的双相中停，机组状态稳定；

(17) 秦山第二核电厂放炸弹的罪犯被抓获。经罪犯交代，总共安置 6 枚定时炸弹，联合泵房、1 号机组辅助给水系统泵出口总管、1 号机组汽轮机厂房 6 kV 电气间各两枚。除此之外，再无其他爆炸物；

(18) 成功封堵后秦山第二核电厂放射性物质泄漏终止；

(19) 核电厂场区辐射水平已趋于正常，在汇总各方面信息后，基地应急指挥部向浙江省应急指挥部建议终止“场外应急”状态；

(20) 经浙江省应急指挥部报国家核事故应急协调委员会批准“应急终止”。

9.2.5.4　中核集团应急指挥中心的应急响应

在秦山核电基地群堆联动场内综合应急演习过程中，中核集团应急指挥中心(核事故应急办公室)及时根据国家核应急规定和中核集团核应急规定及程序，采取相应的应急响应行动。同时，中核集团应急指挥中心向中核集团下属核应急技术支援中心发布的演习指令及假想事故的相关情况，以便验证中核集团系统处理核事故的应急响应能力。

举例如下：

(1) 应急演习指令单

各应急后援中心：

秦山第二核电厂 1 号机组现场操作员在联合泵巡检时，发现 1 号机组安全厂用水系统 001/003PO 泵和 002/004PO 泵出口总管上有疑似爆炸物。于 2008 年 10 月 10 日 12 时 59 分进入场内应急状态。

(2) 假想事故情况通告

1) 秦山第二核电厂 1 号机组联合泵房发现疑似爆炸物，秦山核电厂、秦山第三核电厂分别于 2008 年 10 月 10 日 13 时 16 分和 13 时 13 分进入应急状态。秦山核电厂、秦山第三核电厂在事故发生前机组均满功率运行；

2) 13 时 16 分秦山第三核电厂 1 号机组反应堆厂房 R/B-501 区域氚浓度升高，启动查漏、紧急抢修、重水回收等行动；

3) 秦山核电厂控制棒发生卡棒，13 时 27 分秦山核电厂进入场区应急状态。事故概况：机组满功率运行，SG 高上水位，触发自动停机，停机触发自动停机失效，手动停堆未成功。已执行 EOP；

4) 秦山核电厂所有控制棒机械卡死，引起 ATWS；2 号主给水调节阀故障排除完成；反应堆处于热停堆工况，现在向冷停堆模式过渡；

5) 目前场区环境监测无异常；

6) 秦山第二核电厂 1 号机组：① 1ASG 厂房和 1MX 厂房爆炸物爆炸，放射性物质释放，进入场外应急。② SG 辅助给水、主给水丧失，SG 水位持续下降，1MX 配电间火灾已控制，伤员已救出；1ASG 泵房申请紧急检修；机组继续后撤。

(3) 应急演习指令单

1) 秦山核电厂发生控制棒卡棒，导致 ATWS 执行，EOP 向堆芯紧急注硼后，反应堆处于安全停堆状态；

2) 秦山第二核电厂放炸弹的罪犯被抓获。定时炸弹已拆除，经刑侦检查再无其他爆炸物。成功封堵后机组处于稳定停堆状态，放射性物质泄漏终止；

3) 秦山第三核电厂 1 号机组反应堆厂房成功堵漏并完成重水回收，R/B-501 区域氚浓度趋于正常；

4) 核电厂场区辐射水平已趋于正常。已于 16 时 10 分终止应急状态。

中核集团下属的各核应急技术支援中心，均及时对上述每条信息及时做出相关响应。

9.3 应急设施的维护

核电厂营运单位应保证所有应急设备和物资始终处于良好的备用状态，对应急设备和物资的保养、检验和清点等加以安排。

9.4 应急计划的评议和修改

核电厂营运单位应对应急计划及其实施程序定期、不定期进行复审与修订，分析培训与演习的成果，吸取核电厂实际发生的事件或事故的经验，以便适应现场与环境条件的变化、核安全法规要求的变更、设施和设备的变动以及技术的进步等。

核电厂营运单位每两年进行一次应急计划的修订，将修订后的应急计划上报给省和国家核应急组织、国家核安全部门和核电厂主管部门。

若“核电厂营运单位应急人员替代表”内的各项内容有变动，应及时更新和报告。

9.5 秦山第三核电厂启动应急待命实例

2005年8月5日至7日，第九号台风“麦莎”在浙江沿海登陆。受其影响，秦山第三核电厂遭受了自工程建设运行以来最恶劣的自然条件的冲击，台风瞬时风速最大达到33.7 m/s(12级)。8月6日12时27分，根据程序规定宣布进入“应急待命”状态。

2005年8月6日12时27分，秦山第三核电厂厂区10 m高位置的2 min平均风速达到24.8 m/s(风力等级为10级)，最大风速超过25.3 m/s，根据秦山第三核电厂《应急状态分级的初始条件和应急行动水平》的规定，秦山第三核电厂进入“应急待命”状态，其应急组织按相应的程序启动，相关的应急专业组加强对电厂设施的巡查，在应急指挥部的指挥下，对发现的缺陷及时进行处理，保证了机组的安全稳定运行。

2005年8月6日20时51分，鉴于台风中心已远离本地区，厂区10 m高位置的2 min平均风速已降至17.5 m/s，秦山第三核电厂应急总指挥宣布终止“应急待命”状态。

9.5.1 事件进展序列

8月3日	
	发布“麦莎”台风预警
8月5日	
17:00	启动防台抗汛值班待命
8月6日	
12:27	宣布进入“应急待命”状态
20:51	终止应急待命状态

9.5.2 应急组织启动

8月6日	
12:27	10 m高位置的2 min平均风速达到24.8 m/s(风力等级为10级),主控制室当班值长宣布电厂进入"应急待命"状态
12:27	运行副总指挥、技术副总指挥、紧急抢修组组长、辐射防护组组长、技术组组长、技术支持组组长到达技术支援中心,技术支援中心启动
12:27	应急总指挥助理、应急控制中心技术秘书到达应急控制中心,应急控制中心启动
12:30	运行控制组组长、技术支援中心技术秘书到达技术支援中心

9.5.3 应急通告

8月6日	
12:31	向国家核安全局、上海监督站、秦山核电基地应急指挥部发出"秦山第三核电厂进入应急待命状态"的电话通告
12:56	向上述单位发出"秦山第三核电厂进入应急待命状态"的传真通告
13:55	向国家核安全局、浙江省应急办通报秦山第三核电厂抗台情况
20:53	向国家核安全局、上海监督站、秦山核电基地应急指挥部发出"秦山第三核电厂终止应急待命状态"的电话通告
21:00	向上述单位发出"秦山第三核电厂终止应急待命状态"的传真通告

9.5.4 主要应急响应行动和补救措施

8月5日	
17:00	启动防台抗汛值班待命
8月6日	
12:27	1号机组当班值长宣布电厂进入"应急待命"状态
13:25	发现1号机组4号RCW泵附近、除氧器到MCC、MCC31等地面有积水,安排人员及时清扫
14:18	发现1号机组和2号机组之间的墙面的铁皮被吹松,进行紧急抢修
16:30	发现1号机组和2号机组汽轮机厂房屋顶风机罩各有一个被台风吹掉,进行紧急处理
16:50	秦山第二核电厂和秦山第三核电厂的500 kV联合开关站的电气柜门被风吹开,协同秦山第二核电厂处理
20:51	值长宣布终止"应急待命"状态
8月11日	
14:00	召开应急待命响应行动总结会

9.5.5 小结

在这次"应急待命"响应行动中,秦山第三核电厂应急响应人员能够按场内应急计划和执行程序的要求迅速到达自己的应急岗位,应急控制中心和技术支援中心及时启动,应急设施、设备可用,场内外通信畅通,与秦山核电基地的接口清晰,通报及时准确。通过这次"应急待命"响应行动的实例考验,增强了员工的应急意识,提高了核电厂的应急响应能力。

复习思考题

1. 应急培训的目的是什么?

2. 应急培训的对象分为哪两类?请简述承担应急响应任务人员的培训要求。

3. 应急演习的目的是什么?

4. 请简述应急演习的分类和主要要求。

5. 如果你已参加过或从录像中看过相关的核应急演习,请简述你体会最深的情景和体会。

第十章　核电厂场内应急设施和主要功能

《核电厂营运单位的应急准备和应急响应》和《国家核应急预案》中对核电厂场内应急设施和主要功能均提出了明确的要求。

核电厂营运单位在应急期间具有的基本功能是：应急管理、电厂运行、应急评价和防护行动的建议，同时应具有技术支持、通信、通知、数据发布、后勤等各种支持职能。在应急计划中考虑日常运行和应急相兼容的原则，对主要应急设施做出了明确的规定。

根据以上要求，核电厂在应急计划中应列出应设置的主要应急设施，并描述这些应急设施的位置、基本功能、可居留性和为应急响应所配置的设备等。

核电厂主要的应急设施包括主控制室、辅助控制室、应急指挥中心、应急技术支援中心、监测及评价设施和应急通信系统等。

对于多堆机组的核电基地，例如秦山核电基地，为了更好地共享和利用资源，秦山核电基地统一配置了部分共用的应急响应设施，如基地应急中心、基地环境监测中心等。

10.1　主控制室

在应急的初始阶段，在对核电厂的控制被转移到应急控制中心以前，核电厂主控制室可能是指挥应急响应的主要中心。安装在主控制室内的设备应足以对付应急期间对核电厂的控制和监视。应当用诸如冗余度和多样化的办法来保证主控制室的通信系统的可靠性。

主控制室设有必要的仪表、控制和显示设备(包括 CRT)，可完成启动准备、启动、正常运行、停堆、保持热停堆、冷停堆和事故处理的全部操作。

主控制室通常具有足够的屏蔽、密封和通风，使得在应急期间，工作人员能按所需要的时间在主控制室内进行操纵工作，并满足所要求的可居留性准则。如不具备上述条件，则应有一个在所有时间都能工作的、可以完成基本安全控制功能的辅助控制设施。

其他必需的应急设备可以在主控制室或其附近的地方取得。

10.2　应急控制室

在与核电厂主控制室实体隔离和电气分隔的应急控制室(也称第二控制室或备用控制室)内，应有足够的仪表及控制设备，以便在主控制室丧失其完成基本安全功能的能力时，能实施停堆，保持停堆状态，导出余热并监测核电厂基本参数。

应急控制室的可居留性要求与主控制室相同。

10.3 应急控制中心

应急控制中心(也称应急中心)是应急指挥部在应急期间举行会议及进行指挥的场所。此中心应满足下列要求:

(1) 中心的位置应在场区内与核电厂主控制室相分离的地方;

(2) 应能保证应急期间的人员出入,应急指挥部能尽快地从核电厂主控制室转移到该中心;

(3) 在中心内可取得核电厂重要参数、核电厂内及其邻近地区放射性状况信息;

(4) 应具有联络核电厂主控制室、应急控制室、厂内其他重要地点以及场内外应急组织的可靠通信手段;

(5) 应有适当的措施防护和应对严重事故引起的危害,确保其可居留性。

应急控制中心对所有假设的应急状态都能适用,否则应在不大可能受到影响的合适地点设立一个备用的应急控制中心。

10.4 技术支持中心

技术支持中心(也称技术支援中心)执行的主要功能是对主控制室的工作人员提供技术支持以缓解事故后果,是获取核电厂参数、信息和制定严重事故对策的工作场所,也可以作为与主控制室操作不直接相关的应急工作人员的会议地点。

技术支持中心应与核电厂主控制室分开设置,但其位置应考虑保障技术支持中心与主控制室人员的安全往来;严重事故情况下,应采取防护措施以确保其正常的工作。技术支持中心的可居留性要求与主控制室相同。

10.5 运行支持中心

(1) 运行支持中心(也称应急抢修中心)是在应急响应期间供执行设备检修、系统或设备损坏探查、堆芯损伤取样分析和其他执行纠正行动任务的人员以及有关人员集合与等待指派具体任务的场所;

(2) 运行支持中心与主控制室、核电厂内的响应队伍及场外的响应人员(如消防队)的联络有安全/可靠的通信设备;有足够的空间用于响应队伍的集合、装备和安排工作;

(3) 运行支持中心应与核电厂主控制室、技术支持中心分开设置。设置位置在核电厂保护区内,或在能够快速进入保护区的其他合适位置;

(4) 运行支持中心应考虑应急期间该中心的可居留性要求。当事故的实际影响使该中心不满足所要求的准则时,该中心的功能应转移到其他场所。

10.6 公共信息中心

公共信息中心的功能是在应急期间按规定向新闻媒体和公众提供有关核电厂应急和公

众防护行动的信息，对公众和新闻媒体的信息需求做出响应，及时澄清失真的传闻。

10.7　通信系统

（1）核电厂营运单位的应急通信系统应具备下列功能：保障在应急期间营运单位内部（包括各应急设施、各应急组织之间）以及与核安全部门、场外应急组织等单位的通信联络和数据信息传输；

（2）为核电厂正常运行所安装的通信系统，应具有足够的通信容量（冗余性）、通信手段的多样性，以确保在应急状态下的可运行性，例如，可以准备一些扩音器、报警系统、地面有线通信（电话）等；

（3）在核电厂运行之前，在核电厂主控制室、应急控制中心、车队、营运单位上级主管部门、其他指定的技术支援单位、国家核安全部门、地方政府以及新闻机构之间，应准备好应急期间所使用的附加电话、无线电、网络设备或其他通信网；

（4）通信系统在应急情况下应有防干扰、抗过载、防窃听或在丧失电源时而不造成损坏的能力；在不同的应急响应组织之间应定期（如每季度）进行通信试验。

10.8　监测和评价设施

10.8.1　核电厂监测和评价设施应具备的功能

（1）监测、诊断和预测核电厂事故状态；

（2）监测核电厂运行状态和事故状态下的气载或液载放射性释放；

（3）监视事故状态下核电厂厂房内有关场所、场区及其附近的辐射水平和放射性污染水平；

（4）按有关规定，监测场址地区气象参数和其他自然现象（如地震）；

（5）预测和估算事故的场外辐射后果。

具备以上功能以便在可能的范围内可靠地调查分析事故的演变过程并进行合适的辐射防护评价。选用的仪表设备，尤其是辐射防护评价设备，在严重的辐射条件下和恶劣环境条件下都应保持其充分的可运行性，灵敏度和精确度。在营运单位应急计划中，列出用于应急测量以及连续评价应急状态的监测系统。

10.8.2　为进行场内的评价通常应提供的仪表和设备

（1）核电厂测量与控制设备，监测事故演变过程的设备（例如，通过监测压力、温度、液位和流量率、反应堆冷却系统和安全壳内的氢浓度）；

（2）用于正常和应急状态时的固定式和可携式辐射监测仪器及取样装置；

（3）自然现象监测仪，例如气象仪器、地震仪器等。

10.8.3　为开展场外的评价通常应配备的仪表和设备

（1）监测自然现象的仪器；

（2）测量外照射剂量、剂量率和气溶胶中 β-γ 放射性的固定式和活动式的辐射监测仪器；

（3）实验室设备，包括配有全套监测通信设备的活动实验室和设在核电厂附近的取样设施；

（4）地图，配备标有道路和拟建路段位置、调查区域、撤离区域、取样点、学校、医院、私人和公共水源等的地图，并配备绘有等剂量线的地图。

10.9 医学救护设施

10.9.1 医学救护设施的主要功能

（1）抢救危急伤病员，使得这些伤病员能安全地运送出场区；

（2）对受污染人员的简单去污（含洗消）；

（3）对一般轻伤员的现场及时处置；

（4）能迅速将需要外送的伤病员，安全地送往医疗救护中心的能力。

10.9.2 医学救护设施

（1）表面污染监测仪；

（2）常规急救药箱（含一般急救药品）；

（3）辐射应急药箱（除包含一般急救药品外，还有碘片、抗放射性药品、污染洗涤剂、促排剂和其他阻吸收剂）；

（4）生物样本检验器材；

（5）呼吸保护用品；

（6）医疗专用救护车；

（7）必备的通信工具（有线或无线）；

（8）全身计数器。

10.10 防护设施的要求

为了有效地执行防护措施，应提供掩蔽所之类的一些设施，并将它列入核电厂营运单位的应急计划，具有的防护功能包括屏蔽、通风和物资的供给等。

10.11 应急撤离路线的要求

核电厂设置足够数量、具有醒目而持久标识的安全撤离路线，并配备为安全使用这些路线所必需的应急照明、通风和其他辅助设施。

10.12　可居留性要求

(1) 应采取适当措施和提供足够的信息保护应急设施内的工作人员，防止事故工况下形成的过量照射、放射性物质的释放或爆炸性物质或有毒气体之类险情的继发性危害，以保持其工作人员采取必要行动的能力。

(2) 核电厂营运单位应对应急设施的可居留性进行评价。可居留性的评价和审查不应局限于设计基准事故，应当适当考虑严重事故的影响。

(3) 当考虑涉及放射性物质释放的事故情景时，应根据核电厂工作人员可能受照射的大小确定可居留性准则。

10.13　气象条件的影响

自然界的气象条件如风、大气湍流、温度层结、降水等对核事故放射性烟羽的弥散状况和空中、地面的污染范围，以及应急防护措施的选择和应急响应行动等都有着直接的影响。

10.13.1　气象条件对应急防护措施实施的影响

气象条件对应急防护措施实施有着直接的影响，在采用防护措施时要考虑当时的和预计的气象条件。

(1) 对隐蔽的影响

在放射性烟羽到达前，组织公众进入各种建筑物内隐蔽可以相当有效地减少烟羽的直接外照射和沉积外照射，可以减少因吸入污染空气引起的内照射危害。

(2) 对撤离的影响

将公众撤离烟羽通过地段，可以用来保护公众不受核设施的直接辐射、放射性物质的吸入、经过烟羽的外照射、地表污染的外照射和再悬浮放射性物质的吸入。

(3) 对进出通道控制的影响

控制进出受事故影响的地区是经常采用的一种防护措施。必须进行控制的通道，随事故后的气象条件而变化。在事故开始阶段，为避免不必要的人员进入预期的危险区，在上风方向应开设人员和车辆进出通道，而在下风方向必须严格控制人员和车辆进出。

(4) 对受影响地区去污的影响

设备、建筑物、道路、土壤等的去污是适用于事故中期和晚期的一种防护措施。主要有道路或建筑物表面的冲洗或真空吸尘器的扫除；对农作物或牧场进行耕作；去除土壤表层，并送贮存的地方；固定污染等。气象条件很大程度上影响去污的可行性和有效性。

(5) 对应急通信指挥的影响

无线电波在大气中传播，直接受到大气层中气象条件的影响。当大气发生变化，出现各种天气现象时，大气的反射和散射作用都对无线电波产生不同程度的影响，使通信联络受到干扰，轻则引起信号衰减，改变通信距离，重则引起信号中断。

(6) 对应急辐射监测的影响

发生核事故后，为查明空中污染情况和烟羽弥散状况，必须对烟羽进行追踪监测和取样分析，并对地面污染进行监测，以便做出放射性危害评价，为决策机构提供科学依据。应急辐射监测包括空中和地面（水面）辐射监测。在各种气象条件下，都对应急监测产生不同的影响。

10.13.2 气象条件对应急辐射监测的影响

核事故后，为查明空中污染情况和烟羽弥散状况，必须对烟羽进行追踪监测和取样分析，并对地面污染进行监测，以便做出放射性危害评价，为决策提供科学依据。大风、大雨、下雪、能见度恶劣、云层低而厚的气象天气对监测和取样分析带来很大的困难。

10.13.3 气象条件对应急指挥通信的影响

无线电波在大气中传播，直接受到大气层中气象条件的影响。当大气发生变化，出现各种天气现象时，大气的反射和散射作用都对无线电波产生不同程度的影响，使通信联络受到干扰，轻则引起信号衰减，改变通信距离，重则造成信号中断。当天空有闪电、雷雨云或雷暴出现时，造成信号不清、杂音大，甚至使通信设施和工作人员受到雷击威胁。同样，气象条件对有线电通信的影响也是多方面的。当雨滴、雪片、沙粒撞击明线时，常把电荷输入到线路中，使有线电话出现干扰杂音，影响通话质量。

复习思考题

1. 简述核电厂场内应急的主要应急设施包括哪些。其主要功能是什么？
2. 你所在核电厂的主要应急设施分布在什么位置？

第十一章　核电厂应急相关事件/事故实例

本章重点简单介绍了4个与核应急直接相关的事件/事故，旨在通过实例，吸取历史事故的教训，加深大家对应急工作的理解，认识到应急准备工作的重要性。

11.1　美国 Indian Point 核电厂2号机组4号蒸发器U形管破裂

事故发生时间：2000年2月15日

发生地点：美国 Indian Point 核电厂（PWR）

概述：2000年2月15日19点30分，当2号机组运行在99%满功率时，出现一个主蒸汽N-16高报警信号，同时还有指示2号机组4号蒸发器U形管破裂的信号。初步估计，刚开始的泄漏量大于20 m^3/h。根据应急行动水平，核电厂宣布进入场区应急状态（大量反应堆冷却剂泄漏）。次日16：57，2号机组进入冷停堆工况，泄漏停止，18：50该电厂终止应急状态。据估计：在1999年6月该蒸发器的泄漏率为4 L/d，就在事件发生前为12 L/d。

从出现事故到应急状态终止耗时：近24 h。

由于事故突发性较强，并且有少量气载放射性向环境释放，根据核电厂的应急行动水平需进入场区应急状态，核电厂所有的非应急人员应立即就地隐蔽，应急组织全部启动，控制机组。该事故对场外公众的安全未造成影响。

11.2　法国 Blayais 核电厂遭遇大暴风雨

发生时间：1999年12月27日

发生地点：法国 Blayais 核电厂（PWR）

概述：1999年12月27日晚在核电厂附近发生的特大暴风雨（风速达42 m/s，根据应急行动水平需进入厂房应急），造成3台机组紧急停堆，严重淹水使其中2台机组的所有低压安全注入及安全壳喷淋系统均不工作。

当日19：30，大浪洪水已冲过核电厂防护堤，洪水进入某些区域（根据应急行动水平需进入厂房应急状态）。

当日20：30，通过电话（由安全工程师和其他技术援助人员）支持现场的值班运行。

当日21：00导致400 kV电网严重破坏，造成厂外电源失电（根据应急行动水平需进入应急待命状态）、2号和4号机组自动紧急停堆。1号机组和3号机组被连接到完整无损的电网的另一部分，1号机组仍满功率运行。

当日23：00时，居住在核电厂附近的首批技术援助人员终于到达现场。

次日 00:30,讨论启用应急计划,但由于到核电厂的道路被淹没无法通过,厂区环境遭到严重损坏(如:树、电线倒下、局部淹水)造成应急响应人员难以进入现场,考虑到人身安全,故决定推延应急计划的启用。

次日 2:50 时,现场洪水退回可以接近现场,1 级应急计划(现场应急)启用,场内应急组织启动,开始全面控制机组。

由于 1 号机组和 2 号机组安全裕度减小,故于次日 3:00 被宣布为 2 级紧急事件,调动了法国电力公司及国家正规响应队伍,经过国家、电力公司和场内应急组织的通力合作,终于使 1 号机组和 2 号机组在大约 180 ℃时置于中间停堆,用辅助给水和借助蒸汽发生器大气排放阀冷却。

1999 年 12 月 30 日已将现场所有构筑物中的水排掉。

从出现事故到应急状态终止耗时:近 3 d。

虽然事件开始后不久就需要进入应急状态,但由于此期间道路被淹没,此时启动应急有人身事故危险,应优先考虑工业安全,故未启动应急。

此事件按 INES(国际核事件等级)为 2 级事件。事件之后,对由于洪水引起的堆芯损坏频率,进行了概率安全评估,结果是有条件堆芯损坏频率约为 2×10^{-3}。

11.3 龙卷风袭击美国 Davis-Besse 核电厂

发生时间:1998 年 6 月 24 日

发生地点:美国 Davis-Besse 核电厂(PWR,与三哩岛堆型类似)

概述:1998 年 6 月 24 日,转速达 71.5 m/s 的龙卷风袭击了整个电厂(按应急行动水平需进入厂房应急),大风导致电厂丧失厂外电,主控制室暂时一片漆黑,除了一些仪表和应急照明灯还闪着一些亮光,接着,两台应急柴油机组提供电力,避免了全厂一片漆黑(根据应急行动水平需进入应急待命状态)。虽然后备电力重新照亮了主控室,安全显示屏还是一团漆黑(根据应急行动水平需进入应急待命状态)。另外,大风严重破坏了光缆,损坏了电厂的电话主系统,直接与电厂连接的联邦热线电话也出现故障,只有一套微波电话提供有限的服务(根据应急行动水平需进入应急待命状态),使得电厂官员未能及早通知当地和州里的应急指挥中心来宣布厂房应急。此外,大风导致这台 900 MW 的反应堆自动停堆,没有辐射泄漏,这主要是因为职员迅速做出了有效响应以及后备设备的可靠性。由于在当日下午柴油发电机厂房通风受阻,一台柴油机房间的温度上升到允许值以上 2 ℃。当电厂正要切回到厂外电源时,第二台发电机因为一个继电器有缺陷在切换前几秒钟跳机。另外,乏燃料冷却水池里的温度上升已上升到 140 华氏度——接近其汽化温度——但这时厂外电源已足够供给冷却水泵。大风还破坏了电厂的测风仪,最为严重的是,大风撕破了变核电厂开关房中的连接器和供电电缆,也损坏了整个电厂的熔断器。

在 6 月 26 日下午 1:58 恢复第二条电力供应线路后,电厂官员宣布应急状态结束。

从出现事故到应急状态终止耗时:近 3 d。

美国核管会的调查结果显示,整个过程中公众安全没有受到威胁。这与电厂及时启动场内应急组织,应急人员严格执行程序和规程,没有操作失误,平时有效的培训和演习是密不可分的。

事后,Davis-Besse 经理说,“这次紧急事件表明了他们经常进行的事故演习的价值”。Donnellon 说:“我们可能抱怨过应急准备人员让我们进行太多的演习,但是现在我们不会了。”

11.4 美国三哩岛核电厂 2 号机组堆芯熔化事故

发生时间:1979 年 3 月 28 日

发生地点:美国三哩岛核电厂(PWR)

概述:1979 年 3 月 28 日凌晨 4:00,位于美国的三哩岛核电厂 2 号机组发生跳机。

28 日凌晨值班人员发现,安全壳地面有少量积水,且积水中含有放射性物质。这种情形在一般电厂的跳机事件中并不常见。不料到了早晨 7:00,安全壳内的放射性强度已较正常时的读数高出数倍,负责运行三哩岛核电厂的大都会爱迪生电力公司于是宣布电厂进入场区应急,开始管制电厂区域的交通和进出人员,并通知美国联邦政府的核管会(NRC),以及宾州州政府所属警察局、环境资源部和民防组织。由于情况的持续恶化,电厂于 7:30 宣布进入场外应急(总体应急)。8:15 美国核管会自附近城市派遣数架直升机到电厂做环境监测。监测结果显示三哩岛电厂上空的辐射剂量率为 0.20～0.30 mSv/h。在离电厂 2～3 英里处的空中辐射剂量率则为 0.05～0.07 mSv/h,这一信息透露出三哩岛核电厂发生了非常严重的事故。

3 月 30 日美国核管会估计,受损燃料棒比例已达 60%。此时,电力公司也首次承认反应堆堆芯尚无法适当的冷却,如果事故继续恶化下去,将对附近居民的安全造成威胁。值此关键时刻,从美国各地赶赴而来的工程师和专家们群集出事电厂,苦思对策,希望找出方法使事故不再继续恶化。

3 月 30 日,电厂周围 3 英里半径范围内的辐射剂量率为 0.25 mSv/h,宾州州长一度要疏散电厂附近 4 个镇的部分居民,但在与核管会及电力公司磋商之后决定暂缓实施,仅仅劝导居民减少外出并紧闭门窗。稍后不久,宾州州长下令将电厂周围 5 英里范围内的学龄前儿童及孕妇撤离,并通知电厂附近 4 个镇的 90 万居民准备疏散。白宫也于 30 日成立特别行动小组,统筹规划三哩岛事故应变事宜。特别行动小组派遣核管会的哈诺德・邓肯赴三哩岛电厂,全权处理事故。邓肯的抵达,使得电厂的混乱情况得以改善。工程师和专家们逐渐将反应堆冷却,成功的遏止了事故的恶化。

4 月 1 日,卡特总统亲赴三哩岛电厂巡视,以具体行动向民众宣示三哩岛事故的威胁已告解除。

从出现事故到应急状态终止耗时:近四天。

三哩岛事故放射性物质向环境释放所造成的最大剂量为 0.37 mSv,比天然本底 1～2 mSv低得多,80 km 内 200 万人的平均个体受照剂量为 0.015 mSv,安全壳作为最后一道屏障起到了包容放射性的关键作用,作为最后一道防御的应急响应也起到了积极的作用,正是国家、地方州政府和核电厂一起通力协作,控制了事故,大大减轻了事故的后果。

从安全的角度看,三哩岛事故对核电厂安全带来的影响是正面的,它促成了核能界全面检讨核电厂安全运作的模式,发觉许多隐藏性盲点,进而提出相当多的改善方案,这些改善方案直接提升了核电厂的安全。

11.5 最近美国发生的几起进入应急状态的事件

11.5.1 POINT BEACH 核电厂失去厂外电

发生时间:2008 年 1 月 15 日

发生地点:POINT BEACH 核电厂(PWR)

概述:2008 年 1 月 15 日 14:04(中央时区),Point Beach 核电厂经历了 1 号机组 X-04 低压核电厂辅助变压器的失电。根据其应急行动水平(EAL),这次丧失厂外电导致电厂宣布进入 Notification of Unusual Event(相当于应急待命)。经过紧急处理,满足了终止应急状态的条件,电厂于 2008 年 1 月 16 日 20:35 宣布终止应急状态。

11.5.2 SAINT LUCIE 核电厂非受控的氢气泄漏

发生时间:2008 年 1 月 23 日

发生地点:SAINT LUCIE 核电厂(PWR)

概述:2008 年 1 月 23 日 22:26(东部时区),SAINT LUCIE 核电厂 1 号机组由于非受控的氢气泄漏而根据其应急行动水平(EAL)宣布进入 Notification of Unusual Event(相当于应急待命)。22:28,氢气泄漏终止并且没有发生火灾和人员伤亡,电厂宣布终止应急状态。

11.5.3 RIVER BEND 核电厂的汽轮机厂房有毒气体释放

发生时间:2008 年 1 月 23 日

发生地点:RIVER BEND 核电厂(BWR)

概述:2008 年 1 月 23 日 17:05(中央时区),RIVER BEND 核电厂 1 号机组由于汽轮机厂房探测到有毒气体(CO)而根据其应急行动水平(EAL)宣布进入 Notification of Unusual Event(相当于应急待命),电厂立即撤离其中的人员,并对撤离出的人员进行清点以确认没有伤亡。19:32,电厂经过取样监测确定了没有 CO 后宣布终止应急状态。

11.5.4 CALVERT CLIFFS 核电厂高于技术规范要求的放射性碘放射性水平

发生时间:2008 年 2 月 23 日

发生地点:CALVERT CLIFFS 核电厂(PWR)

概述:2008 年 2 月 23 日 3:14(东部时区),CALVERT CLIFFS 核电厂正准备换料大修,一回路取样显示一回路 ^{131}I 放射性水平为 1.41 mCi/g(1 Ci=3.7×10^{10} Bq),超过了技术规格书的限值(1 mCi/g),电厂根据其应急行动水平(EAL)宣布进入 Notification of Unusual Event(相当于应急待命)。10:43,当通过取样确认放射性水平低于技术规格书限值后,核电厂宣布终止应急状态。

11.5.5 FARLEY 核电厂有毒气体泄漏到应急柴油发电机厂房

发生时间:2008 年 3 月 13 日

发生地点:FARLEY 核电厂(PWR)

概述:2008 年 3 月 13 日 16:44(中央时区),FARLEY 核电厂 1 号机组 1B 柴油发电机正处在监督运行状态,主控室接到 1B 柴油发电机厂房火灾报警。根据其应急行动水平(EAL)电厂宣布进入 ALERT(相当于厂房应急状态),立即撤离其内的人员并进行清点,确定无人员伤亡。18:36,在确认未发生火灾并对该厂房进行强制通风和重新建立可居留性后,电厂宣布终止应急状态。

11.5.6　BYRON 核电厂辅助变压器故障导致丧失厂外电

发生时间:2008 年 3 月 25 日

发生地点:BYRON 核电厂(PWR)

概述:2008 年 3 月 25 日 18:49(中央时区),BYRON 核电厂 2 号机组由于电厂辅助变压器故障引起的丧失厂外电而根据其应急行动水平(EAL)宣布进入 Notification of Unusual Event(相当于应急待命)。3 月 27 日 23:09,由于满足了终止应急的条件 BYRON 核电厂宣布终止应急状态。

从这些实例,我们可以看出,虽然核电厂具有良好的安全性,尤其是发生严重事故导致放射性物质异常或大量释放的可能性极其微小,然而,仍然时有或大或小的事故发生。另外,实际发生的事故与演习的情况可能很不同,一般持续时间较长,突发性较强,对人员响应的要求更高。所以本着有备无患和防患于未然的精神,按照有关核安全法规的要求,要做好应对核电厂事件或事故的应急准备;同时,需要全体员工的积极参与,提高对应急的认识,包括积极认真的参加应急培训、应急演习等。

复习思考题

1. 你从以上应急事件/事故中得到哪些收获?请阐述你的理解。

附录A 应急准备与响应的主要名词术语

1. 营运单位

持有国家核安全部门颁发的执照(许可证),负责经营和运行核电厂的单位。

2. 场区

具有确定的边界、受营运单位有效地控制的核电厂所在区域。(一级人员)

3. 核电厂状态(一级人员)

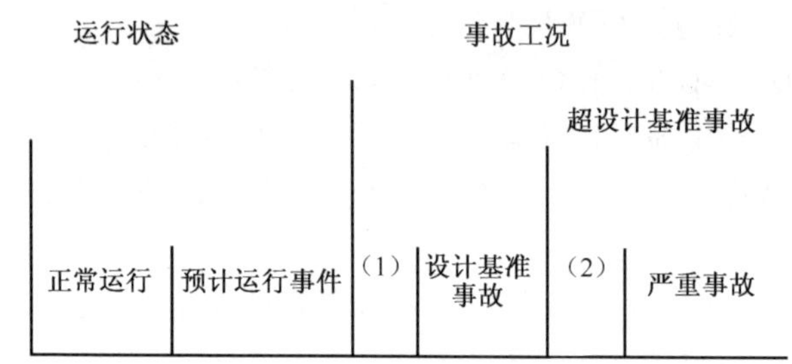

(1) 没有明确地考虑作为设计基准事故,但可为设计基准事故所涵盖的那些事故工况。
(2) 没有造成堆芯明显恶化的超设计基准事故。

4. 运行状态

正常运行和预计运行事件两类状态的统称。

5. 正常运行

核电厂在规定的运行限值和条件范围内的运行,包括停堆状态、功率运行,停堆过程、启动、维修、试验和换料等。

6. 预计运行事件

在核动力厂运行寿期内预计至少发生一次的偏离正常运行的各种运行过程;由于设计中已采取相应措施,这类事件不至于引起安全重要物项的严重损坏,也不至于导致事故工况。

7. 事故工况

比预计运行事件更严重的工况,包括设计基准事故和严重事故。(一级人员)

8. 核事故

核电厂很少发生的严重偏离运行工况的状态;在这种状态下,放射性物质的释放可能或已经失去应有的控制,达到不可接受的水平。(一级人员)

9. 设计基准事故

核动力厂按确定的设计准则在设计中采取了针对性措施的那些事故工况,并且该事故中燃料的损坏和放射性物质的释放保持在管理限值以内。

10. 严重事故

严重性超过设计基准事故并造成堆芯明显恶化的事故工况。

11. 事故阶段

按事故释放的时间特征划分的事故进程的不同阶段，一般将事故进程划分为 3 个阶段：早期、中期和后期。

12. 事故早期阶段

从认识到可能发生场外照射的那个时间开始一直到开始外泄（如果确定出现了外泄的话）后的头几个小时。

13. 事故中期阶段

从释放开始后的头几个小时，可能延续几天或几周；在此阶段开始时，认为大部分释放已经发生，而且除了惰性气体以外，大量的放射性物质可能已经沉积在地面。

14. 事故晚期阶段

事故的晚期阶段又可称为恢复阶段，此阶段可能在事故后延续几周到几年；持续时间取决于释放的性质和大小，在此阶段中考虑的是恢复正常的生活条件。

15. 事故管理

在超设计基准事故发展过程中所采取的一系列行动：

（1）防止事件升级为严重事故；

（2）减轻严重事故的后果；

（3）实现长期稳定的安全状态。

16. 核应急

核应急（以下简称“应急”）状态就是核紧急状态，它是由于核电厂发生事故或事件，使核电厂场内、外的某些区域处于紧急状态下。严格地按定义，应急是一种要求立即采取行动（超出了一般工作程序范围）的状态，以避免事故的发生或减轻事故的后果。（一级人员）

17. 应急待命

出现可能导致危及核电厂核安全的某些特定情况或者外部事件，核电厂有关人员进入戒备状态。

18. 厂房应急

事故后果仅限于核电厂的局部区域，核电厂人员按照场内核事故应急计划的要求采取核事故应急响应行动，通知厂外有关核事故应急响应组织。

19. 场区应急

事故后果蔓延至整个场区，场区内的人员采取核事故应急响应行动，通知省级人民政府指定的部门，某些厂外核事故应急响应组织可能采取核事故应急响应行动。

20. 场外应急

事故后果超越专场区边界，实施场内和场外核事故应急计划。

21. 应急计划

应急计划又称应急预案，在应急计划中规定了核电厂营运单位、地方政府等向国家和公众所承担的应急准备和响应的任务，按定义，应急预案是一种经过审批的文件，在此文件中，确定为应付应急采取行动的基础，它提出应急执行程序要满足的目标。应急计划又分为场内应急计划和场外应急计划。

场内应急计划即核电厂为缓解和控制事故所采取的对策和措施，也就是说，它是针对核电厂可能发生的事故预先制定的对策和做出的安排，它是保护场内人员和公众的最后一道

屏障。(一级人员)

场外应急计划由核电厂所在地的地方政府相关部门制定，它是当核事故进入场外应急状态时，为减轻公众所受的辐射后果而制订的对策和措施。

22. 应急准备

为应付核事故或辐射应急而进行的准备工作，包括制订应急计划，建立应急组织，准备必要的应急设施、设备与物资，以及进行人员培训与演习等。(一级人员)

23. 应急计划区

营运单位控制区以外的附近地区，在该地区，根据事故分析及厂址特征，必须预先制定应急期间实施辐射防护措施的计划并做好应急准备。(一级人员)

24. 烟羽应急计划区

针对烟羽照射途径(烟羽浸没外照射、吸入内照射和地面沉积外照射)建立的应急计划区。(一级人员)

25. 食入应急计划区

针对食入照射途径(污染的水或食物的食入内照射)建立的应急计划区。(一级人员)

26. 应急响应

为控制事故的发展、减轻事故的后果而在事故期间采取的紧急响应活动。(一级人员)

27. 应急响应设施

根据应急和日常运行兼容的原则建立的用于应急响应的设施，主要包括主控室、技术支援中心，应急控制中心、通信设施、评价设施和医疗救护设施等。

28. 应急通信

在核事故或辐射应急响应期间，运用通信手段传输信息。它是应急响应组织从事应急指挥的基本手段，应急通信必须满足通畅、迅速、准确，必要时还须保密的要求。

29. 校正行动

通常指纠正对正常运行的偏离的行动。

30. 应急防护措施

应急状态下为避免或减少工作人员和公众所接受的剂量而采取的保护措施，如撤离、避迁、隐蔽、进行通道控制、食物和饮水控制、去污等。也称防护行动。(一级人员)

31. 可居留性

指应急设施所具有的能够保证应急人员在其中较长时间居留的条件、例如屏蔽和通风过滤条件以及必要的生活条件等。

32. 环境后果评价

通过辐射监测和模式计算等方法，对核事故所导致的环境后果(污染水平、剂量大小与分布等)的评估。

33. 事故源项

事故期间堆芯释放出的放射性物质，实际或可能向环境释放的数量、组成、释放率和释放方式。

34. 干预

目的在于减少事实上业已存在的照射(如事故照射)的任何行动，包括变更已存在的照射原因、限定已存在的照射途径，以及改变人们的习惯、行为和生活环境，以防止他们受到照射。

35. 干预水平

在核电厂事故情况下，用于确定对公众采取应急防护措施（即进行干预）的剂量水平。（一级人员）

36. 导出干预水平

和干预水平相应的环境中的放射性水平，可以直接与实际监测结果相比较的量。例如放射性核素在空气中的时间积分浓度、初始地面沉积浓度、食物和水中的初始和峰值浓度。

37. 应急演习

为检验应急预案的有效性、应急准备的完善性、应急响应能力的适应性和应急人员的协同性而进行的一种模拟应急响应的实践活动；根据所涉及的内容和范围的不同，可以分为单项演习（练习）、综合演习和场内、场外应急组织联合进行的联合演习。（一级人员）

38. 应急培训

根据应急工作的需要，对一般人员、管理人员或专业人员进行的教学训练。（一级人员）

附录 B　举例：秦山核电厂应急状态分级矩阵表（节录）

附表 B-1　系统故障类的应急状态分级（节录）

初始条件索引——交流电源丧失

应急等级	场外应急	场区应急	厂房应急	应急待命
初始条件	SG1：长时间丧失全部厂内和厂外交流电源 适用运行模式：(1)(2)(3)	SS1：丧失全部厂内和厂外交流电源，时间超过 15 分钟 适用运行模式：(1)(2)(3)(4A)(4B)	SA1：只有一路交流电源可用，以致任何单个交流电源供电失效都将导致全厂断电，时间超过 15 分钟 适用运行模式：(1)(2)(3) (4A)(4B)	SU1：安全母线上全部厂外电源丧失，时间超过 15 分钟 适用运行模式：全部
应急行动水平	6 kV 公用母线Ⅰ段和Ⅱ段失电；同时 6 kV 安全母线Ⅰ段、Ⅱ段失电，时间超过 45 分钟，或出现堆芯冷却条件可能恶化的情况（堆芯冷却关键安全功能状态树红灯工况或二次热阱关键安全功能状态树红灯工况）	6 kV 公用母线Ⅰ段和Ⅱ段失电；同时 6 kV 安全母线Ⅰ段、Ⅱ段失电；时间超过 15 分钟	(1) 6 kV 公用母线Ⅰ段和Ⅱ段失电；同时 6 kV 安全母线Ⅰ段失电、Ⅱ段由应急柴油发电机供电，或 6 kV 安全母线Ⅱ段失电、Ⅰ段由应急柴油发电机供电；时间超过 15 分钟；或： (2) 1 号、2 号、3 号应急柴油发电机失效；同时 6 kV 安全母线Ⅰ段失电、Ⅱ段有电，或 6 kV 安全母线Ⅱ段失电、Ⅰ段有电；时间超过 15 分钟	6 kV 公用母线Ⅰ段和Ⅱ段失电；同时 6 kV 安全母线Ⅰ段、Ⅱ段由应急柴油发电机供电；时间超过 15 分钟
初始条件			SA5：在冷停堆或换料停堆工况下丧失全部厂内和厂外交流电源，时间超过 15 分钟 适用运行模式：(5)(6)	
应急行动水平			6 kV 公用母线Ⅰ段和Ⅱ段失电；同时 6 kV 安全母线Ⅰ段、Ⅱ段失电；时间超过 15 分钟	

附表 B-2　裂变产物屏障丧失类的应急状态分级（节录）

应急等级	场外应急	场区应急	厂房应急	应急待命
初始条件	FG1：任何两道屏障完整性丧失，同时第三道屏障丧失或可能丧失 适用运行模式：(1)(2)(3)(4A)(4B)	FS1：任何两道屏障完整性丧失或可能丧失 适用运行模式：(1)(2)(3)(4A)(4B)	FA1：三道屏障中的燃料包壳或一回路边界完整性的丧失或可能丧失 适用运行模式：(1)(2)(3)(4A)(4B)	FU1：在燃料包壳和一回路压力边界屏障保持完整的情况下，安全壳完整性丧失或可能丧失 适用运行模式：(1)(2)(3)(4A)(4B)
应急行动水平	(1) 发生蒸汽发生器传热管破裂事故，同时安全阀被卡开后无法关闭，堆芯出口热偶（最高）读数大于 650 ℃；或： (2) 堆芯出口热偶（最高）读数大于 650 ℃，同时不满足技术规格书中关于安全壳完整性的准则，或安全壳压力上升后快速或不可解释地下降（下降速率超过 1%/h）；或： (3) 一回路大破口，同时不满足技术规格书中关于安全壳完整性的准则，或安全壳压力上升后快速或不可解释地下降（下降速率超过 1%/h）；或： (4) 一回路主管道大破口，同时失去安全壳喷淋系统；或： (5) 一回路主管道大破口，同时安注系统失去再循环功能；或： (6) 堆芯出口温度大于 899 ℃	(1) 蒸汽发生器传热管破裂事故（E-3）发生后安全阀被卡开后无法关闭，或蒸汽发生器传热管破裂事故发生后同时发生主蒸汽管道破裂事故；或： (2) 堆芯出口热偶（最高）读数大于 650 ℃（FR-C.1）；或： (3) 一回路大破口；或： (4) 一回路压力边界完整性丧失或可能丧失（FA1 EAL＃1 或 4 或 5），同时包壳完整性丧失或可能丧失（FA1 EAL＃2 或 6 或 8 或 9）	(1) 关键安全功能状态树"主系统完整性"（F-0.4）或"二次热阱"（F-0.3）红灯工况；或： (2) 关键安全功能状态树"堆芯冷却"（F-0.2）橙灯工况；或： (3) 一回路冷却剂热段温度大于 343.7 ℃，时间超过 5 分钟；或： (4) 一回路小破口，依靠化容系统的正常运行已不能维持一回路冷却剂的总量；或： (5) 一回路冷却剂压力边界的泄漏率大于 11.2 m^3/h；或： (6) 堆芯出口热偶（最高）读数大于 399 ℃；或： (7) 发生蒸汽发生器传热管破裂（SGTR）事故（E-3）并导致安注启动；或： (8) 燃料元件包壳总破损辐射监测系统（R10）的有效读数超过 2.0×10^{10} Bq/kg；或： (9) 一回路水中等效 ^{131}I 当量比活度大于 1.11×10^{10} Bq/kg	(1) 不满足技术规格书中关于安全壳完整性的准则，同时一回路压力边界屏障和燃料包壳屏障保持完整；或： (2) 安全壳隔离功能失效；或： (3) 安全壳内发生蒸汽管道破裂事故，安全壳压力增加，可能超过安全壳的设计压力

附表 B-3 异常辐射水平/流出物排放类的应急状态分级(节录)

初始条件索引——异常流出物排放

应急等级	场外应急	场区应急	厂房应急	应急待命
初始条件	AG1:实际或即将发生的气态放射性物质释放将在场区边界处导致实际或预期的全身有效剂量当量大于 10 mSv,或甲状腺剂量当量大于 50 mSv 适用运行模式:全部	AS1:实际或即将发生的气态放射性物质释放将在场区边界处导致实际或预期的全身有效剂量当量大于 1 mSv,或甲状腺剂量当量大于 5 mSv 适用运行模式:全部	AA1:放射性气体或液体流出物的任何非计划排放超过技术规格书中关于流出物排放的规定限值的 200 倍,且排放时间已经或可能超过 15 分钟 适用运行模式:全部	AU1:放射性气体或液体流出物的任何非计划排放超过技术规格书中关于流出物排放的规定限值的 2 倍,且排放时间已经或可能超过 60 分钟 适用运行模式:全部
应急行动水平	(1) 辐射监测仪 RE0701-3 或 RE0801-3 的有效读数超过 4.7×10^{13} Bq/m^3,且持续时间已经或可能超过 15 分钟;或: (2) 用环境后果评价系统评价后确认已超过上述初始条件;或: (3) 环境 γ 辐射剂量率连续监测系统的任何一个监测仪的有效读数扣除本底后大于 10 mGy/h,并持续 15 分钟或更长时间;或: (4) 环境监测结果表明 γ 剂量率大于 10 mSv/h,并持续 60 分钟或更长时间;或: (5) 场区边界附近监测样品分析表明 1 小时吸入导致的甲状腺剂量当量大于 50 mSv	(1) 辐射监测仪 RE0701-3 或 RE0801-3 的有效读数超过 4.7×10^{12} Bq/m^3,且持续时间已经或可能超过 15 分钟;或: (2) 用环境后果评价系统评价后确认已超过上述初始条件;或: (3) 环境 γ 辐射剂量率连续监测系统的任何一个监测仪的有效读数扣除本底后大于 1 mGy/h,并持续 15 分钟或更长时间;或: (4) 环境监测结果表明 γ 剂量率大于 1 mSv/h,并预期或已经持续 60 分钟或更长时间;或: (5) 场区边界附近监测样品分析表明 1 小时吸入导致的甲状腺剂量当量大于 5 mSv	(1) 辐射监测仪 RE0701-3 或 RE0801-3 的有效读数超过 1.8×10^{11} Bq/m^3,且持续时间已经或可能超过 15 分钟;或: (2) 辐射监测仪 RE-1301 或 RE-1302 的有效读数超过 1.5×10^{6} Bq/L,且持续时间已经或可能超过 15 分钟;或: (3) 经取样分析确认液态放射性流出物的非计划排放浓度超过 1.5×10^{6} Bq/L,且持续时间已经或可能超过 15 分钟;或: (4) 环境 γ 辐射剂量率连续监测系统的任何一个监测仪的有效读数扣除本底后大于 100 μGy/h,且持续时间达到或超过 15 分钟	(1) 辐射监测仪 RE0701-2 或 RE0801-2 的有效读数超过 1.8×10^{9} Bq/m^3,且持续时间已经或可能超过 60 分钟;或: (2) 辐射监测仪 RE-1301 或 RE-1302 的有效读数超过 1.5×10^{4} Bq/L,且持续时间已经或可能超过 60 分钟;或: (3) 经取样分析确认液态放射性流出物的非计划排放浓度超过 1.5×10^{4} Bq/L,且持续时间已经或可能超过 60 分钟;或: (4) 环境 γ 辐射剂量率连续监测系统的任何一个监测仪的有效读数扣除本底后大于 1 μGy/h,且持续时间达到或超过 60 分钟

附表 B-4　影响电厂安全的灾害和其他条件类的应急状态分级(节录)

初始条件索引——自然灾害或人为破坏事件

应急等级	场外应急	场区应急	厂房应急	应急待命
初始条件		HS1:正在经历或预计要发生严重的自然灾害,而电厂没有处于冷停堆状态 适用运行模式:(1)～(4B)	HA1:影响要害区的自然灾害或破坏现象 适用运行模式:全部	HU1:影响保护区的自然灾害或破坏现象 适用运行模式:全部
应急行动水平		(1) 地震仪显示正在发生强烈的地震,地面水平加速度大于 0.15 g;或: (2) 预计或正在发生的洪水水位(潮位)超过海堤设计堤顶高程为 9.57 m(黄海高程)或厂区内积水标高达 5.30 m(黄海标高)	(1) 地震仪显示发生了高于运行基准地震的地震事件,地面水平加速度大于 0.075 g;或: (2) 预计或正在发生的任何袭击核设施的中心风速超过 70 m/s的龙卷风或在 10 m 高度处 10 分钟平均风速达到 27.4 m/s 的台风或大风,或所发生的龙卷风、台风或大风造成电厂反应堆厂房、一回路辅助系统厂房、燃料厂房、汽轮机厂房、主控制楼、主蒸汽管廊、应急柴油发电机房、换料水箱及其管间等安全Ⅰ级厂房或构筑物或其中设备的可见性损坏或者出现系统能力降低的指示;或: (3) 厂区内积水标高达 4.00 m(黄海标高)或发生的低水位低于安全有关冷却水泵中心线安装标高－6.00 m;或: (4) 保护区内发生了运输工具撞击或飞机坠毁事件,造成反应堆厂房、一回路辅助系统厂房、燃料厂房、汽轮发电机厂房、主控制楼、主蒸汽管廊、应急柴油发电机房、换料水箱及其管间等安全Ⅰ级厂房、构筑物或其中设备的可见性损坏或者出现系统能力降低的指示;或要害区内发生运输工具撞击或飞机坠毁事件;或: (5) 下列任何电厂构筑物发生任何明显结构损坏的报告:反应堆厂房、一回路辅助系统厂房、燃料厂房、汽轮机厂房、主控制楼、主蒸汽管廊、应急柴油发电机房、换料水箱及其管间等;或:(下页续)	(1) 发生了可感地震,或地震仪的地震开关被激活(设置的地面水平加速度为 0.02 g);或: (2) 预计或正在发生的任何台风或大风在 10 m 高处 10 分钟平均风速达到 25.3 m/s;或: (3) 保护区内发生的任何龙卷风,可能影响要害区内的厂房或构筑物;或: (4) 雨水泵房集水池水位达到 2.90 m(黄海标高)或发生百年一遇的低水位(－4.37 m);或: (5) 保护区边界内发生交通工具坠毁或撞击至电厂厂房或系统的事件;或: (6) 汽轮机旋转部件失效已经导致汽轮机或发电机密封可见性损坏;或: (7) 设计上不允许浸湿和淹没的电厂区域发生水灾,并可能影响当前运行模式所需的安全相关系统

复习思考题

1. 请简述应急准备与响应的主要名词术语。(其中一级人员重点简述标有标记的名词术语)

2. 请选择与你目前工作岗位直接相关的3～5个名词术语,作较具体的解释。

参 考 文 献

[1] 国务院令第 124 号 HAF002. 核电厂核事故应急管理条例,1993 年 8 月 4 日发布.

[2] 国家核安全局. HAF002/01 核电厂核事故应急管理条例实施细则之一——核电厂营运单位的应急准备和应急响应,1998 年 5 月 12 日批准发布.

[3] 国家核应急协调委员会. 国家核应急预案,2005 年 5 月 24 日国务院办公厅印发.

[4] 中国核工业集团公司核应急办公室. 中国核工业集团公司核应急计划,2007 年 6 月.

[5] 国家环保总局、国防科工委、卫生部. 核应急管理导则. 核或辐射应急的干预原则和干预水平,2002 年 2 月发布.

[6] 国家核安全局. HAD002/01 核安全导则. 核电厂营运单位的应急准备,1989 年 8 月 12 日批准发布.

[7] 注册核安全工程师岗位培训丛书编委会编. 核安全相关法律法规,2004 年 10 月.

[8] 国防科工委. 核电厂核事故应急培训规定,2001 年 7 月 24 日发布.

[9] 国防科工委. 核电厂核事故应急演习管理规定,2003 年 2 月 28 日发布.

[10] IAEA和 OECD/NEA 联合编制. 国际核事件分级表使用手册. 维也纳,2001.